HAN DI HE LI GENG CENG GOU JIAN
PEI TAO GENG ZUO JI JU YAN JIU

旱地合理耕层构建
配套耕作机具研究

◎ 逄焕成 张旭东 张 旭 李玉义 著

中国农业科学技术出版社

图书在版编目（CIP）数据

旱地合理耕层构建配套耕作机具研究 / 逄焕成等著. —北京：中国农业科学技术出版社，2018.8

ISBN 978-7-5116-3782-6

Ⅰ.①旱… Ⅱ.①逄… Ⅲ.① 旱地—耕整地机具—研究

Ⅳ.①S222

中国版本图书馆 CIP 数据核字（2018）第 135067 号

责任编辑　贺可香
责任校对　李向荣

出 版 者　中国农业科学技术出版社
　　　　　北京市中关村南大街12号　　邮编：100081
电　　话　（010）82106638（编辑室）　（010）82109702（发行部）
　　　　　（010）82109709（读者服务部）
传　　真　（010）82106650
网　　址　http://www.castp.cn
经 销 者　全国各地新华书店
印 刷 者　北京富泰印刷有限责任公司
开　　本　880mm×1 230mm　1/32
印　　张　4.25
字　　数　130千字
版　　次　2018年8月第1版　　2018年8月第1次印刷
定　　价　98.00元

《旱地合理耕层构建配套耕作机具研究》

著者名单

主著： 逄焕成　张旭东　张　旭　李玉义

著者（按姓氏笔画排序）：

尤晓东　任天志　安鹤峰　张　旭

张旭东　李玉义　聂　影　徐　鹏

高占文　逄焕成　章慧全　程　晋

前　　言

　　耕层土壤是作物生长发育的主要载体和水肥营养库。耕层土体构型是否合理、耕层土体内水肥气热是否协调，不仅直接影响到作物地下根系的立体分布特征和水肥利用性能，而且间接影响到作物地上茎叶生长发育和经济产量状况。合理耕层构建是指通过缓解作物和土壤环境之间的主要矛盾，协调土壤中的水、肥、气、热关系，创造有利于作物生长发育和作物持续高产稳产的土壤环境。研究适宜于作物和土壤的合理耕层构建主要技术参数与基本指标，研发调控耕层水肥气热技术与产品，改进与研制实现合理耕层构建的配套耕作机具将是当前以及今后农业生产的重大技术需求。因此，开展合理耕层构建技术与配套耕作机具研究既是对"高标准农田建设和中低产开发"具有重要作用的共性研究课题，对大幅度提升耕地质量和综合生产能力，达到"藏粮于地"，粮食持续稳定增产也具有重要意义。

　　我国北方旱地占全国总耕地面积的51%，是我国主要粮油作物的主产区，其产量高低与国家粮食安全密切相关。自20世纪80年代初开始，随着农村的农业机械由集体保有向个体农户保有，农机具由大型向小型转变，北方土壤耕作方式发生了很大变化。传统的用大马力拖拉机进行连年秋翻作业、以畜力为主要动力实施各种田间作业的耕作方式，逐步被以小四轮拖拉机为主动力进行灭茬、整地、播种、施肥、耥地等作业的耕作方式所代替，耕作频率降低，加上有机肥施用量减少，由此产生了一系列耕层结构不合理问题，并进一步影响作物根系生长、水分养分利用和作物产量。具体来看，辽北棕壤区由于长期实行旋耕方式，土壤耕层变浅，普遍少于15cm，犁底层变硬上移，当地秸秆还田率较低，土壤有机质下降，导致耕层土壤抗逆性和缓冲性减弱，易旱、易涝、脱水、脱肥及养分失衡现象频繁发生；黄淮海北部缺水区由于耕地的掠夺式经营严重，大部分耕地20～30年没有进行过深翻，一直采用旋耕，有效耕层变薄，耕层上肥下瘦，土壤耕层障碍严重；西北干旱区问题也较为突出，盐碱化地区地下水活动频繁，耕层浅含盐高，质地黏重，作物缺苗严重，产量水平较低。荒漠绿洲区耕层土壤沙化，有机质含量低，漏水漏肥严重。总的来看，北方不同生态区域均面临土壤耕作方式转变带来的耕层结构不合理问题，因此，如不实行合理的耕层建设，将严重制约这些区域土地生产能力的进一步提升。

农艺农机融合，相互适应，相互促进，是建设现代农业的内在要求和必然选择。然而，土壤耕作已经成为实现农业生产中农艺农机融合的最薄弱环节和制约因素。当前，合理土壤耕作技术与配套耕作机具研发已滞后于农业生产需求，自"八五"以来，国家尚未设立针对北方旱地合理耕层构建技术与配套耕作机具的专门项目。随着对土壤耕作技术与配套耕作机具需求和合理耕层构建增产潜力大的认识不断深化，有必要组织实施北方旱地合理耕层构建技术与配套耕作机具研究与示范专项，以确保国家粮食安全，实现农业可持续发展。

近20年来，我国虽在土壤耕作方面形成了一系列单项技术成果，但目前尚缺乏针对北方不同生态区域、不同旱地土壤类型（包括盐碱地）的合理耕层构建技术与配套耕作机具。随着我国土壤耕作技术水平的不断提高，迫切需要改进与研制适用于不同生态区域特点的合理耕层构建技术和配套耕作机具，建立相应的技术规范。这对于实现北方旱地高效持续利用，同时提高我国耕地的"质"和"量"，确保国家粮食安全，具有重要战略意义和现实意义。

全书共分八章，各章主要撰写人员如下：

第一章　逄焕成　李玉义　张旭东　张　旭

第二章　张　旭　李玉义　逄焕成　章慧全

第三章　张旭东　章慧全　聂　影　逄焕成

第四章　张　旭　逄焕成　章慧全　聂　影

第五章　高占文　张　旭　张旭东　任天志

第六章　程　晋　张　旭　张旭东　李玉义

第七章　张旭东　张　旭　高占文　尤晓东

第八章　逄焕成　李玉义　高占文　聂　影　徐　鹏　安鹤峰

全书由逄焕成、李玉义、张旭东、张旭统稿并审核定稿。

本书的出版得到公益性行业（农业）科研专项经费项目"北方旱地合理耕层构建技术及配套耕作机具研究与示范（201303130）"、中国农业科学院科技创新工程协同创新任务"东北黑土地地力提升与可持续利用技术（CAAS-XTCX2016008）"的支持。

限于著者水平，书中疏漏之处在所难免，恳请专家、同仁和读者批评指正。

著者

2018年8月

目　录

第一章 概　述

合理耕层构造关系到作物根系发育及物质循环等诸多方面，而且也是合理的耕作机具设计及应用的理论依据，其重要性不言而喻。因此，如何研发持续的、适合作物生长的合理土壤耕层构建技术及相应的配套机具一直受到国内外持续关注。

国外很重视合理土壤耕作技术及配套机具的研究。目前国外土壤耕作技术的发展趋势是"由多耕到少耕，由表层松土到残茬覆盖再到秸秆（含残茬）覆盖，由机械除草到化学除草，由单一机械耕作到土壤施肥灌溉种植机械作业一体化"，正是由于土壤耕作技术的不断完善使土壤耕层保水保肥效果不断增加，旱地作物产量逐渐提高。从土壤耕作研究的整体水平看，美国是世界上研究最发达的国家之一，不但研究的面广，而且在许多领域都有很高的水平。20世纪30—40年代，美国中部大平原地区因采用深翻、地表裸露休闲的传统耕法发生了两场大尘暴（黑风暴），归其症结是由于不合理的耕作所造成的，这由此给人们带来了新的思考。60年代初，美国开始在农业生产中推广少免耕和秸秆覆盖，凿式犁、表土作业机和双排式圆盘耙是当时主要几种少耕机具。70—90年代，美国保护性耕作进一步发展，气力排种器普遍应用于免耕播种，施肥、化学除草技术等也广泛使用，带状耕作得到较快发展。目前，以少免耕及秸秆残茬覆盖结合深松作业为代表的保护性耕作技术已成为美国的主体耕作技术，此外在澳大利亚、加拿大、南美、前苏联都有广泛应用。

但是应该看到，国外发达国家人少地多，粮食安全的压力小，这些经济发达国家一般没有多熟种植方式，耕地采用少免耕结合深松、粮草轮作或土地休耕等技术，耕地基本不产生"犁底层"，土壤耕层结构良好，另外，土壤耕作的发展较多的以环境保护和生态修复为着手点，主要是从经济利益考虑且不需要过多考虑作物单产等因素。从耕作机械来看，也多以大型多梁牵引式为主，秸秆防堵塞能力强，作业质量高，但是不适应我国小地块的特点。

与国外不同，我国人多地少，土壤类型复杂，各类生态问题突出，追求高产一直是我国土壤耕作研究的主要内容之一，这种严峻形势决定了我国需要有自己特色的合理耕层构建技术。我国传统的耕作技术是以铧式犁耕翻整地，辅以旋、耙、耢等表土耕作措施，这种耕作方式在我国农业生产中一度占据主导地位，但是这种传统耕作技术体系由于土壤作业程序多，持续时间长造成的地表裸露，使得土壤水分损失大，有机质消耗快，农田风蚀水蚀严重，而且能耗大、效率低、成本高，影响了作物产量和农民收入，也阻碍了农业资源的可持续利用。20世纪60—80年代我国部分农业科研单位和高等院校开始少耕、免耕等土壤保护性耕作技术研究，在吸收国外保护性耕作先进技术的基础上，经过30多年的实践，在保护性耕作理论、技术模式和配套机具研制等方面取得了一定进展，从而实现了我国土壤耕作的重大变革。尽管保护性耕作技术通过减少耕作次数，缓解了传统耕作对生态环境的破坏，但同时也带来了耕层构造不合理等问题，如北方旱区长期浅旋耕造成的耕层变浅、犁底层上移、养分层化、土壤蓄水保墒保肥能力弱等。近年来，国内有关北方旱地合理耕层构建技术研究有一些报道，但所涉及的研究内容少，技术零散，没有形成适宜于各类作物和土壤的合理耕层构建主要技术参数与基本指标,调控耕层水肥气热技术与产品以及实现合理耕层构建的配套耕作机具更是严重缺乏。总体来看,在旱地土壤耕层建设方面国内面临的问题和追求目标与国外有很大差异,更多强调通过多种途径构建合理耕层协调耕层水肥气热、微生物、微生态环境,实现用地养地相结合,以确保农作物持续稳产高产。因此,加强针对北方不同类型区的旱地合理土壤耕层构建指标及技术研究以及配套耕作机具研制与应用研究十分迫切。

本书针对辽北棕壤区、黄淮海北部缺水区和西北干旱区三大区域的特点和不同旱地土壤类型合理耕层构建存在的问题与技术需求,开展技术创新研究与示范。重点研究适宜于北方不同作物和土壤的合理耕层构建主要技术参数与基本指标,研发调控耕层水肥气热技术与产品,改进与研制实现合理耕层构建的配套耕作机具,建立核心示范样板区,开展规模示范,大幅度提高北方旱地的"质"和"量",为保障国家18亿亩(15亩=1hm² 全书同)耕地红线和粮食安全战略目标的实现提供一定的技术储备。书中主要从全方位松旋械、深松灭茬及旋耕整地复式作业、新型秸秆深埋复合耙糖整地、新型播种分层施肥、新型全膜覆盖播种、荒漠绿洲农地保水保肥六个方面开展相应的技术研究与配套机具研制与应用。

一、全方位松旋耕耕作机械研制与应用

该项技术研究以实现打破犁底层、改善土壤通气性为目的,以实现蓄水保墒为目标,旨在为改善土壤环境提供一种实用新技术。配套研制的全方位松旋耕耕作机械,能够一次性完成深松、细碎土壤、起垄、镇压等多种工序,实现高效、联合整地作业。

二、深松灭茬及旋耕整地复式作业机具研制与应用

该项技术研究以农机农艺融合为突破口，改变传统凿式深松结构，研制集深松、灭茬、旋耕、起垄和镇压于一体的联合整地作业机械，实现稳产增产、节本降耗的目的。

三、新型秸秆深埋复合耙耱整地机械研制与应用

该项技术研究针对传统秸秆地表还田存在的诸多问题，结合农艺技术要求，研制新型秸秆深埋复合耙耱整地机具，实现一次作业完成秸秆深埋、耙耱、整地等多种工序，达到改善土壤通气性、提高土壤有机质、增强盐碱地控抑盐效果的目的。

四、新型播种分层施肥机械研制与应用

该项技术研究与生产实际相结合，研制配套的实用新型播种分层施肥机械，集播种与分层施肥于一体，实现肥料高效利用，达到省种、省工、提高肥效的目的。

五、新型全膜覆盖播种施肥机研制与应用

该项技术研究旨在研制新型全膜覆盖播种施肥机，集施肥、铺膜、播种、药剂灭草等多种工序于一体，有效提高玉米抗旱抗倒伏能力，实现蓄水保墒、稳产高产的目的。

六、荒漠绿洲农地保水保肥机械研制与应用

该项技术研究以玉米秸秆压缩颗粒为载体，通过配套装备将直

径10mm、长15mm左右的秸秆颗粒撒施于地表150～200mm处，并形成一个宽100～200mm、厚30～50mm的秸秆颗粒层；当养分和水分下渗时，该秸秆颗粒层将养分和水分在一定空间内吸收保存，为作物生长提供养分和水分的有效储备，进而实现保水保肥的目的。

第二章　全方位松旋耕耕作机械研制与应用

一、目的意义

我国旱区面积占国土面积的52%，其中旱作农业面积占全国总面积的50%。由于连年的翻耕作方式，造成犁底层增厚和上移，犁底层厚度可达8～15cm，土层变浅，总孔隙度比耕作层减少10%～20%，严重阻碍了耕作层与下层土壤之间水、肥、气、热梯度的连续性，土壤抗灾能力明显降低，降水不能迅速渗入地下，在地表形成径流，造成水土流失和土壤板结，农业可持续性发展受到严重制约。

近年来，稳定耕层厚度和打破犁底层成为国内外关注的焦点。深松机作业时，深松铲可以打破犁底层，调节土壤的三项（固、液、气态）比，很好改善土壤结构，减少土壤侵蚀和提高蓄水保墒能力。1ZSX-180型全方位松旋联合整地机具有深松、粉土、灭茬、旋耕、起垄和镇压的功能，能够一次作业完成全部整地工作，减少拖拉机进地次数，降低作业成本，有利于耕地保护。

二、现状趋势

目前土壤板结、耕层变浅的问题十分突出，亟待解决。国内外在农业机械化方面一般采用深松技术进行处理，达到松土、碎土，改善土壤结构的目的。通过对国内外土壤松土作业的调查研究发现，欧美国家所应用的机具体积庞大，适宜大面积连片作业，而我国只有少数地区才能满足大型机具作业的要求。并且深松松土过程本身就很耗费动力，在大型机具小面积作业中，也存在结构不合理，动力消耗过大的问题。土壤松土、碎土效果也不是很理想。

三、研究内容

（一）机具研究

近年来，随着农业生产规模的不断扩大，拖拉机单机动力正在快速提高，各农机合作社都在发展高效、联合作业技术，对农机提出了大型化、多功能化的要求。市场目前要求农业机具要大型化、提高作业速度、减少辅助工作时间、机具的操作和调控智能化和自动化，从而提高机组的作业效率，这也是农机今后的发展趋势。

1ZSX-180型全方位松旋联合整地机是根据我国目前耕地的实际情况和农业生产的特点，充分考虑到拖拉机配套动力和保有量的实际，通过大量的调研和市场走访决定研发的。在认真分析农机和农艺相融合基础上，联合耕整地作业中的几个项目共同进行田间整地作业，保证耕层厚度，打破犁底层影响，减少机具进地作业次数，减轻机具对土壤的有害压实和破坏，保护土壤环境，缩短作业周期，节约人工，降耗抢农时等。整机如图2-1所示。

图 2-1　1ZSX-180型全方位松旋联合整地机

1. 总体结构

1ZSX-180型全方位松旋联合整地机主要由凿式深松铲、螺旋碎土、动力、灭茬、旋耕、起垄和镇压以及机架等部分组成。整机结构示意图如图2-2所示。

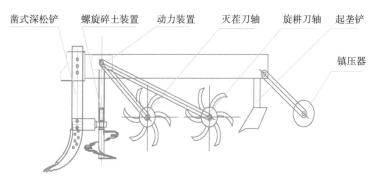

图 2-2　整机结构示意图

2. 工作原理

1ZSX-180型全方位松旋联合整地机由拖拉机牵引作业，机具动力来源于拖拉机后输出轴，拖拉机后输出轴动力经传动轴将动力传递到中间齿轮箱，再由中间齿轮箱将动力分别传递到两侧变速箱和螺旋碎土变速箱。两侧变速箱分别带动灭茬刀轴和旋耕刀轴旋转，完成灭茬和旋耕作业；螺旋碎土变速箱带动碎土刀轴旋转，完成粉碎犁底层土块工作。该机机架前部安装有深松铲，其与螺旋碎土装置对应布置，完成深松作业，破坏犁底层，其勾起的犁底层块状土壤被后面的碎土装置粉碎；机具后梁上安装有起垄铲和镇压辊，完成起垄及镇压作业。该机一次作业可完成深松、碎土、灭茬、旋耕、起垄、镇压等多项作业，减少了拖拉机及机具进地次数，大幅度降低了作业成本。该机是复合式耕作，可以破坏犁底层，增加耕层土壤厚度，将根茬粉碎还田，提高碎土能力，疏松土壤，增加农田有机物质含量，有效消灭浅土层内的害虫。本机具有作业质量好高，使用成本低，工艺简单先进，刚性好，可靠耐用等优点。

3. 关键部件

1ZSX-180型全方位松旋联合整地机采用新型土壤松旋装置进行碎土作业。它由深松铲与螺旋碎土装置构成（图2-3）。该装置采用入土性能好的凿式深松铲，减轻工作阻力，有效切断作物残茬及杂草的茎根，打破犁底层。

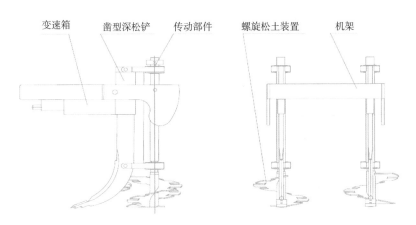

图 2-3 新型土壤松旋装置结构简图

深松铲刀头按照仿生学原理设计。深松铲刀头工作时，在犁底层下部向前运动，利用楔子原理，使犁底层土体受到剪切、弯曲、掀起和向上及两侧的挤压等综合作用，当挤压力大于土体剪切强度时，土体被剪切破坏，经过铲柄圆弧过渡，达到疏松土壤和减少工作阻力的目的。铲柄截面为矩形，铲柄的入土部分采用弧形，以期减小阻力。圆弧入土部分的横截面设计成双面楔形，夹角为60°，起到碎土和减少阻力的作用。

螺旋碎土装置安装在深松铲后面，该装置是利用螺旋部件的规则转动，并随拖拉机做前进运动，使叶片上的切削刃切屑土壤并将土壤进行反复击打，实现松土、碎土，粉碎犁底层土壤，优化土壤结构目的。本碎土装置为了不破坏土壤原有结构，螺旋部件端部切削刃，设计成长缺口状。该种设计是为了螺旋部件在旋转过程中，在扰动土壤的同时，可使大部土壤经缺口处流出，实现土壤耕层结构互不渗透，避免上下层土壤相互混合，实现土壤局部合理搅拌的目的。

4. 技术创新点

1ZSX-180型全方位松旋联合整地机将深松、粉土、灭茬、旋耕、起垄、镇压等功能进行有机组合。机组工作时由拖拉机牵引前进，拖拉机后输出轴输出的动力经本机中间变速箱变速、变向后带动螺旋碎土装置工作。本机布置为前面的凿型深松铲中心面与后面的螺旋碎土装置的中心面在同一平面内，该平面平行于拖拉机前进方向。在机架前部安装凿型深松铲，利用凿型深松铲具有碎土能力强、工作阻力小、强度高的特点，能使犁底层土壤受到剪切、弯曲、掀起和向上及两侧的挤压等综合作用，这样既增加了本机具的可入土性能，又能使土壤通过凿型深松铲圆弧过渡，减小工作阻力；凿型深松铲还具有一定的切断作物根茎的作用，减轻了螺旋碎土装置的负担。随着机具的前进，被凿型深松铲破碎的土壤，进入螺旋碎土装置，在螺旋的旋转作用下，土壤被锯齿形螺旋叶片（相当于多个切削刃）反复地切削和击打，呈现细碎状。螺旋叶片呈梯形锯齿状，具有很强的切削和混合土壤的能力。保障了土壤的细碎度和减小土壤层的翻动。本土壤粉碎装置，结构简单、易于加工、调整方便。工作时，阻力远远小于其他类碎土装置，土层扰动小，工作速度快，土壤细碎度好。完全能够满足机械化整地的要求。

5. 主要技术参数

1ZSX-180型全方位松旋联合整地机主要技术参数见表2-1。

表 2-1　1ZSX-180型全方位松旋联合整地机主要参数

序号	项目	参数
1	配套动力（kW）	>60
2	耕幅（m）	1.8
3	连接形式	三点悬挂
4	松旋深度（mm）	350
5	旋耕深度（mm）	120
6	生产率（hm²/h）	0.57～1

（二）机具试验

1. 土壤剖面对比

试验前，通过对原始土壤情况的调查，发现土壤各项指标均不利于作物生长，且有犁底层上移、耕层厚度变薄的现象，土壤质量亟待提高（图2-4）。在采用普通凿式深松作业后，土壤影响范围较小，硬块大且多，深松作业效果不明显，不利于作业根系发育（图2-5）。

图 2-4　试验前土壤情况

图 2-5　普通凿式深松作业效果

　　通过苗带土壤进行全方位松旋作业后，土壤松碎程度较好，并在作物根系生长区域形成有效土壤环境，为作物创造良好生长环境。该机具可以较好地解决耕地犁底层上移，耕层变薄的问题（图2-6）。将耕整地作业中的几个项目联合起来进行田间整地作业，因减少机具进地次数，可以有效减轻机具对土壤的有害压实和破坏，确保作业质量，保护环境。

图 2-6　全方位松旋整地机作业后土壤剖面

2. 土壤蓄水能力

　　为了更好地研究土壤经过全方位松旋作业后蓄水保墒能力，分别在作物的拔节期和吐丝期两个时期的土壤含水率进行了测定。通过测得数据看，全方位松旋后的土壤含水率高于常规土壤，说明松旋作业可以提高土壤中的含水量，提高了蓄水能力（表2-2、表2-3）。

表 2-2 拔节期土壤含水率

深度（mm）	常规耕作（%）	全方位松旋（%）
50	17.93	19.36
150	24.82	25.75
250	30.06	30.69
350	31.64	32.76

表 2-3 吐丝期土壤含水率

深度（mm）	常规耕作（%）	全方位松旋（%）
50	20.37	21.57
150	24.57	25.67
250	28.09	28.88
350	30.91	31.52

3. 有机质变化

通过对田间有机质含量的测定，发现通过松旋作业后，土壤中有机质含量略有提高（表2-4）。分析原因是经过松旋作业后的土壤变得松软，有利于有机物质的累积，改善了土壤环境。

表 2-4 有机质对比

深度（mm）	常规耕作（%）	全方位松旋（%）
50	1.73	1.97
150	2.03	2.35
250	1.65	1.88

4. 抗倒伏及产量

通过采用全方位松旋的作业方式，土壤环境得到明显改善，有利于作物生长根系发育，降低了倒伏现象的发生。倒伏率下降后，为提高作物产量创造了条件，因此松旋作业模式产量也高于常规对照模式（表2-5）。

表 2-5　倒伏和产量情况

项目	常规耕作	全方位松旋
产量（kg/667m²）	678.92	726.79
倒伏率（%）	23.04	22.65

第三章 深松灭茬及旋耕整地复式作业机具研制与应用

一、目的意义

我国人均耕地数量少，在农业生产中，农业的发展主要依靠提高单位面积生产能力，优良品种的应用推广起了重要作用。除此以外，利用农业机械为载体推广农业新技术也是不可或缺，高性能农机的优越性和重要性日益突出，也使人们对高性能、高可靠性机械有了新的认识，有效实现农业技术的高性能，高性价比和综合效益得到认可。近年来，随着农业生产规模的不断扩大，拖拉机单机动力正在快速提高，各农机合作社都在发展高效、联合作业技术，对农机提出了大型化、多功能化的要求。市场要求农业机具要大型化、多功能化，提高作业速度、减少辅助工作时间、机具的操作和调控智能化和自动化，从而提高机组的作业效率，这也是农机今后的发展趋势。为适应我国目前耕地现状和生产模式，提高机具的作业效率和可靠性，充分发挥拖拉机耕整地机组的有效功能，减少能量消耗和对环境的污染，在深松灭茬及旋耕整地复式作业方面设计了1GFD-240型深松灭茬旋耕整地机（图3-1），在秸秆培肥方面设计了1ZF-180型秸秆培肥整地机（图3-2）。

图 3-1　1GFD-240型深松灭茬旋　　图 3-2　1ZF-180型秸秆培肥整地机
　　　　 耕整地机

二、现状趋势

随着科学技术的发展，一些发达国家不断将高、新、尖技术应用到农业机械上来，使农业机械不断向信息化和智能化发展。发达国家的耕整地联合作业机械不仅有多种部件构成的整体式联合作业机具，也有"组配"方式将各自可独立作业机具，按照需要组成联合作业机组，以及采用组悬挂（在拖拉机前、后面）的方式将不同的机具组合，实现耕整地联合作业。

国外耕整机械的发展趋势主要有以下几个方面。

（1）耕作机械产品向多品种、系列化方向发展。

（2）向宽幅、高速、高效方向发展。

（3）向降低功耗、减少土壤有害压实、联合作业机具方向发展。

（4）耕作机械向智能化与自动化方向发展。

（5）向工厂化农业小型多功能机具发展。

（6）发展耕整地联合作业机械。

（7）提高自动化程度。

（8）发展驱动型耕耘机械。

目前，我国耕整地机械化得到快速发展，除传统的铧式犁、圆盘耙等耕整地产品的品种增多，与拖拉机配套的范围增加，新技术水平有所提高外，适应我国农业生产技术的发展和农产品结构调整，一些新型的耕整地机械得到较快发展。如少耕深松机、复式整地作业机械等，这些产品日趋成熟，技术水平不断提高，能够满足我国农业生产持续增长的需要，在农业生产中发挥越来越重要的作用。

国内耕整机械的发展具有以下特点。

（1）大、中、小型机具并存，小型机具仍占主导地位。目前，我国微型耕整机、水田耕整机、手扶拖拉机配套农机具、18.4kW以下四轮拖拉机配套的小型耕整机具，在水田、山区以及北方广大农村的耕整地机械化中起着重要作用。驱动型耕作机械产品产量比较大且主要是旋耕机。20世纪80年代末的更新换代产品与老产品比较，具有作业质量好、生产效率高、能耗低和可靠性高等优点。旋耕机在南方水稻生产机械化应用中已占80%，在北方的水稻生产、蔬菜种植和旱地灭茬、整地中也广泛得到应用。

（2）联合作业机发展较快。联合作业机具因具有抢农时、节能耗、减少机具对土壤压实等优点，在国内得到了较快的发展。全国各地结合当地的农艺要求研制以旋耕机为主体的联合作业机（如浅旋耕条播机、少耕条播机、旋耕播种施肥机及发展整地、铺膜、播种多种工序的联合作业机具等），已有60多种规格不同型号的产品，年产量为1.5万～2万台。

国内采用驱动工作部件的联合作业机，多数是以旋耕机刀辊为主要工作部件，可实现旋耕、深松、起垄、灭茬等作业工序中的两个以上项目的联合作业。其产品有深松旋耕机、松旋起垄机、灭茬起垄机、碎土整地机等，多数产品动力在36.8kW以上。国内驱动式圆盘犁自20世纪80年代后期开始研制，现在也有较好的使用效果。

（3）农业技术的发展促进了农具的开发与生产。为了适合北方地区推广的少耕深松耕作制度，开发了以齿杆为深松部件的深松机产品，并在一部分地区应用。为适应旱作节水农业的需要，开发了全方位的深松机并形成了系列产品。为了适应秸秆粉碎还田、根茬粉碎还田的农业生产需要，秸秆还田机、根茬粉碎还田机成为推广使用最快的产品之一。为了满足大棚、温室内耕整地作业的需要，一些小型耕整机具已经生产并且得到推广使用。

三、研究内容

（一）机具研究

1. 1GFD-240型深松灭茬旋耕整地机

（1）总体结构。1GFD-240型深松灭茬旋耕整地机是一种多功能联合整地机具，由机架、牵引架、中间横梁、变速箱、传动箱、灭茬部件、旋耕粉土装置、深松铲部件、起垄部件和镇压部件等组成。传动箱位于机架两侧，箱内设置若干个相互啮合的齿轮，中间横梁平行设置在旋耕轴和灭茬轴之间，机架前部设置有灭茬装置，变速箱侧输出轴通过万向联轴节与传动箱输入轴相连接，灭茬轴则由传动箱输出轴带动；在其后面布置有旋耕粉土装置，其由机架另一侧的传动箱驱动；在其后面梁架上安装有凿型深松铲，与粉土大圆盘刀一一对应，进一步破坏犁底层；在深松铲后面的机架上安装有起垄部件完成起垄工作，镇压辊安装于起垄铲后面，对垄进行镇压作业。整机结构示意图如图3-3所示。

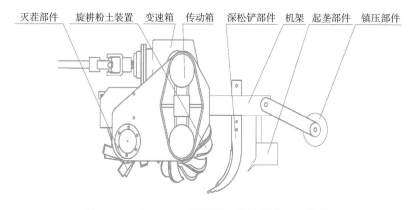

灭茬部件 旋耕粉土装置 变速箱 传动箱 深松铲部件 机架 起垄部件 镇压部件

图 3-3 1GFD-240型深松灭茬旋耕整地机结构

（2）技术特征。1GFD-240型深松灭茬旋耕整地机作业时，机具动力来源于拖拉机后输出轴，拖拉机后输出轴动力经传动轴将动力传递到中间齿轮箱，再由中间齿轮箱分别将动力传递给两侧变速箱。两侧变速箱分别带动灭茬刀轴和旋耕粉土刀轴旋转，完成灭茬和旋耕粉土作业；其中，粉土刀主要是粉碎犁底层土块。该机机架后部安装有深松铲，其与大刀盘碎土装置对应布置，在碎土带上完成深松作业，进一步破坏犁底层。这样深松铲受力较小，勾起土块形状较小，较细碎，不影响耕作，这种配置动力消耗较小，节约能源，降低了作业成本。机具后梁上安装有起垄铲和镇压辊，完成起垄和镇压作业。该机可一次完成灭茬、旋耕、碎土、深松、起垄、镇压等项作业，减少机具进地次数，降低了作业成本，提高了作业效率。该机具是复合式耕作，破坏犁底层，增加耕层土壤厚度，改善土壤通透性，实现根茬粉碎还田，提高碎土能力，疏松土壤，增加有机物质含量，有效消灭浅土层内的害虫。

（3）关键部件。

①粉土装置。粉土装置主要由粉土刀与大刀盘构成，粉土刀固

定在刀盘上。结构如图3-4所示。粉土装置的主要任务是粉碎犁底层，改善土壤耕作层，提高水分的渗透效果。粉土刀因采用滑切作用，不但提高其入土性能，大幅度降低工作阻力，而且能有效切断作物秸秆、残茬及杂草，合理改善土壤的耕层结构。

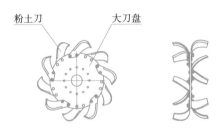

图 3-4　粉土装置结构简图

②旋耕部分与粉土装置布置。旋耕刀的正确安装方法：右侧法兰上安装向左的刀，按"人"字螺旋排列安装，左侧一个刀裤上安装向右的刀同样也是按"人"字螺旋排列，使每个刀裤间隙中两个旋耕刀，一个向左，一个向右，间隔180°左右，确保切土均匀。

粉土刀盘与旋耕刀同轴采取间隔布置，通过螺栓连接将粉土大刀盘固定于旋耕刀轴上，与旋耕刀一起回转。本项研究充分考虑到常规作业等方式，力求一机多用，达到方便拆卸和安装，以满足不同垄距、不同作业模式和种植方式的要求。具体布置如图3-5所示。

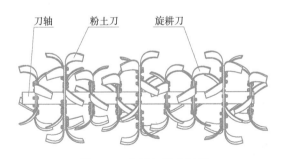

图 3-5　旋耕与粉土装置

（4）技术创新点。1GFD-240型深松灭茬旋耕整地机是将深松、粉土、灭茬、旋耕、起垄、镇压组合在一起的机组。利用安装于机具前部的灭茬装置，首先对秸秆和作物根茎进行粉碎，然后利用安装在灭茬装置后面的旋耕和粉土装置对土壤进行铣削，粉碎土壤，同时对前面粉碎的秸秆及作物根茎进行进一步的粉碎和与土壤混合；布置在粉土装置后面的深松装置对粉土层下面的犁底层进一步破坏；深松铲后面布置起垄和镇压装置，对处理过的土壤进行起垄和镇压。本机设计先进，具有工作阻力小，结构强度高的特点，经过大量试验表明节能效果显著。本机工作阻力远小于其他类碎土装置，工作速度快，土壤细碎度好，完全能够满足机械化整地的要求。

（5）主要技术参数。1GFD-240型深松灭茬旋耕整地机主要技术参数见表3-1。

表 3-1　1GFD-240型深松灭茬旋耕整地机主要参数

序号	项目	参数
1	配套动力（kW）	>60
2	耕幅（m）	2.4
3	连接形式	三点悬挂
4	灭茬深度（mm）	30
5	深松深度（mm）	400
6	碎土深度（mm）	350
7	旋耕深度（mm）	120
8	生产率（hm^2/h）	0.57～0.8

2. 1ZF-180型秸秆培肥整地机

（1）总体结构。1ZF-180型秸秆培肥整地机以机架为结构基础，主要由悬挂机构、变速箱体、灭茬秸秆粉碎装置、旋耕土壤装置、深松铲、秸秆起垄掩埋装置、镇压装置等组成。具体结构如图3-6所示：深松铲固定在机架上，位于起垄装置前端，镇压装置置于机架的后端，在机架下方依次设置灭茬装置、旋耕土壤装置和起垄秸秆掩埋装置。变速箱体置于机架上，分别通过变速箱连接灭茬装置和旋耕土壤装置。灭茬装置、旋耕土壤装置和秸秆起垄掩埋装置在一条直线上，工作时置于垄台位置，实现原有垄台及垄沟的更替变化。整机的动力通过万向节与拖拉机动力输出轴和变速箱体连接。

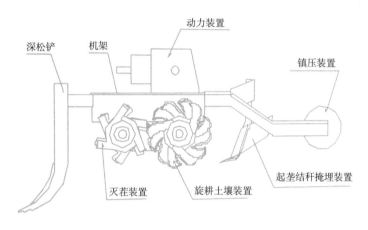

图 3-6　1ZF-180型秸秆培肥整地机示意图

（2）工作原理。作业时，破茬深松铲在不翻转土壤的条件下，疏松土壤、打破犁底层，提高土壤水分的吸水能力。经万向输出装置使拖拉机输出轴与机具相连传递动力，经万向节传动轴传递给该机的主变速箱一轴，由一轴锥齿轮带动二轴锥齿轮变速后驱动二轴同步转动，并通过圆柱齿轮传至灭茬刀轴，带动灭茬刀轴旋转，在灭茬刀片的作用下，将作物根茬和秸秆进行粉碎处理，并将粉碎物向后侧方向抛送；完成灭茬整地作业，紧随其后是旋耕装置，在动力带动下，旋耕刀对土壤进行二次作业，由于旋耕刀轴反向旋转，将灭茬处理的粉碎物进行处理后实现很好的掩埋作业。旋耕整地后为起垄镇压装置，其将原垄台处理后的土壤翻到两侧，土壤被翻区域形成垄沟，原垄沟变成垄台。同时，两侧呈对称分布的起垄刮板在垄面刮土板和镇压辊的共同配合下，形成梯形垄床并对垄床进行镇压作业。至此，完成深松、灭茬旋耕、起垄、镇压整个复式作业过程。

（3）关键部件。灭茬与旋耕装置是1ZF-180型秸秆培肥整地机的关键部件。灭茬刀片和旋耕刀片在刀辊上的排列（图3-7）所示，灭茬装置包括灭茬轴和灭茬刀，灭茬部件灭茬刀采用分段式排列，灭茬轴上每组至少设置两组灭茬刀，灭茬刀的刀片置于垄台位置，其余部分不安装灭茬刀，刀在灭茬轴端面呈现螺旋排列方式。旋耕装置包括旋耕轴和旋耕刀，每组旋耕刀至少为两组，和灭茬装置的灭茬刀数量相同，旋耕刀的刀片置于垄台位置，在旋耕轴端面呈现螺旋排列方式。刀片在刀辊上的合理排列，确保刀轴受力均匀，降低功耗，增强农作物抗旱保墒能力，提高作业质量。

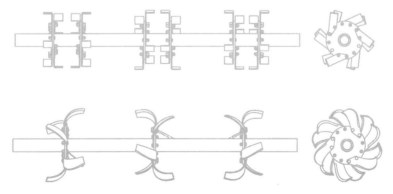

图 3-7　灭茬刀片和旋耕刀片在刀辊上排列示意图

（4）技术创新点。该秸秆培肥整地机，改变旋耕刀轴旋转方向，刀轴由正转改为反转；灭茬刀轴配置发生改变，由以往弯刀改为弯直刀组合，在垄台位置采用直刀切割。通过改进减少了机械前进阻力，避免起垄时堵塞，作业效果比较理想。形成了一套新的秸秆掩埋整地方式，具有一定的独创性。该技术的研究填补国内该项联合作业机具的空白，应用者使用证明具有很好的应用前景。

（5）主要技术指标。1ZF-180型秸秆培肥整地机主要技术参数见表3-2。

表 3-2　1ZF-180型秸秆培肥整地机主要参数

序号	项目	参数
1	配套动力（kW）	>47.8
2	耕幅（m）	1.8
3	连接形式	三点悬挂
4	深松深度（mm）	300
5	旋耕深度（mm）	100
6	生产率（hm²/h）	0.44

（二）机具试验

1. 1GFD-240型深松灭茬旋耕整地机

1GFD-240型深松灭茬旋耕整地机具有机体强度好，粉碎秸秆能力强，在推广应用中，该机在全量秸秆还田地表进行了多种作业模式作业。主要有苗带深松碎土起垄镇压、苗间深松碎土起垄镇压、大垄双行苗间起垄镇压、大垄双行苗间与垄间深松碎土起垄镇压等。该机作业显示出较强的秸秆粉碎、打破犁底层、粉碎犁底层土壤的能力，使土壤形成虚实相间的耕层结构，营造了适合作物生长的土壤环境。

该机具在多个地区开展了深松灭茬旋耕整地作业试验。作业时采用1354拖拉机为配套动力，1GFD-240型深松灭茬旋耕整地机作业效果较为满意。通过对作业后土壤断面分析发现，大刀盘处作业深度的较大（达到300～350mm），扩大了秸秆的分散空间，且土壤量也随之增加，而秸秆量为固定值，因此改善了秸秆与土壤混合效果。通过田间试验作业效果看，作业深度应不小于250mm，否则秸秆在土壤中分布空间过小，导致秸秆分布密度过大，且均匀度不高，直接影响后续播种作业。图3-8为深松灭茬旋耕整地机作业情况。

图3-8 1GFD-240型深松灭茬旋耕整地机整地作业

通过对作物后期生长情况及土壤容重等方面的调查发现，1GFD-240型深松灭茬旋耕整地机作业后的作物长势良好，各项性状指标均优于常规对照（表3-3）。土壤容重方面，深松灭茬联合整地后的土壤容重由于常规对照，且随深度增加差值越明显，具体见表3-4。

表 3-3 植株性状对比

模式	株高（m）	茎粗（cm）	可见节（节）	可见叶（片）
深松灭茬联合整地	2.13	28.67	8.76	13.33
常规对照	1.94	26.33	7.48	12

表 3-4 土壤容重对比

深度（mm）	深松灭茬联合整地（g/cm³）	常规对照（g/cm³）
100	1.24	1.39
200	1.28	1.52
300	1.38	1.74

2. 1ZF-180型秸秆培肥整地机

为了验证1ZF-180型秸秆培肥整地机的应用效果，试验点选择在温度低、秸秆腐烂慢的辽宁东部抚顺市清源南口前乡海洋村进行了试验作业。根据机具研究内容进行相关作业试验，重点考核机具是否达到设计任务书所规定的性能参数指标及土壤养分及物理特性指标。通过机具的进一步试验，得出相关试验数据，为机具的改进提供依据，同时可以验证机具设计的合理性。

课题组成员在抚顺市清源南口前乡海洋村试验田进行了多次试验作业，根据试验中发现的问题及时对机具进行了改进，经过三年不断试验改进和完善，机具得到定型。定型后的机具，在作物收获秸秆粉碎后的农田，可一次作业完成深松、灭茬、旋耕、秸秆掩埋还田覆盖、起垄镇压等作业。通过试验验证，该机作业试验效果良好，受到当地农民的肯定与欢迎。经过两年多的应用推广，累积推广机具80余台，实现作业面积5万余亩，具有很好的经济效益、社会效益，生态效益显著。课题组成员并对秸秆全量还田效果进行跟踪，对比测试了秸秆全量直接掩埋及春季常规旋耕作业后土壤的秸秆腐解状况、有机质、氮、磷、钾含量、土壤容重、含水量、孔隙度、土壤温度等参数变化。试验如图3-9所示，试验数据如表3-5。

图 3-9　1ZF-180型秸秆培肥整地机作业

表 3-5　土壤物理特性测试数据汇总表（0～20mm）

项目	序号	水解性氮(mg/kg)	有效磷(mg/kg)	有效钾(mg/kg)	有机质(mg/kg)	土壤容重(g/cm³)	土壤含水量(%)	土壤孔隙度(%)
秸秆培肥作业	1	106	41.6	57	2.24	0.94	9.79	65
	2	75	78.2	41	1.25	0.94	9.83	64
	平均	90.5	59.9	49	1.75	0.94	9.81	64.5
普通旋耕作业	1	131	16.8	41	1.14	0.94	8.80	64
	2	63	30.1	37	0.95	1.03	9.46	61
	平均	97	23.4	39	1.05	0.98	9.13	62.5

通过上述试验可以看出1ZF-180型秸秆培肥整地机深松可达350mm，工作幅宽1 800mm，秸秆掩埋、垄型满足作业要求，作业

后地表平整度较理想，达到设计要求。进行全量秸秆掩埋，可实现培肥地力，有效增加土壤有机质含量，土壤孔隙度、含水率增大，土壤容重减小，春季地温增加等优点。

1ZF-180型秸秆培肥整地机通过试验证明设计结构合理、新颖，具有创新性，灭茬装置、旋耕土壤装置和起垄秸秆掩埋装置在一条直线上，工作时，置于垄台位置，极大减少动力消耗，现已获得国家专利授权。通过应用该机具可一次完成深松、灭茬、碎土、掩埋秸秆，实现培肥地力，增加土壤有机质含量，改善土壤结构，随着秸秆还田年限的增加，抵御自然灾害的能力逐年增强，有利于农作物的生长，增产效果明显，促进农业的可持续性发展。

第四章　新型秸秆深埋复合耙糖整地机械研制与应用

一、目的意义

土壤是农业生产的载体，为农作物生长提供适宜的水、肥、气、热条件，并为农作物根系提供良好的土壤环境。土壤耕层质量的好坏直接决定着农业生产的稳产和增产。长期以来，由于人们对耕地连续高强度开发和不合理使用，造成耕地犁底层上移、加厚、有效耕层变浅，有机质含量降低，土壤板结越来越严重，土壤团粒结构被破坏，土壤酸化和沙化逐步加剧，供肥、供水能力减弱等问题，影响了作物根系的正常生长发育，抵御自然灾害的能力大大降低，与此同时制约了粮食生产，农业生产的可持续问题引起了广泛的关注。

秸秆还田是改善土壤状况、培肥地力的一种有效的办法，但现有的秸秆还田机具，与土壤耕作结合不够，秸秆与土壤混合在一起，影响下茬播种，更缺少完善的土壤肥沃耕层构建模式及相配套机具，因此，研究秸秆掩埋机具，应用秸秆掩埋机具进行秸秆还田，建立土壤合理耕层模式，改良土壤结构，协调土壤水、肥、气、热，改善生态环境，提高耕地粮食生产潜力，对解决人地矛盾及粮食安全问题具有重要的现实意义。

二、现状趋势

土壤作为农业生产的重要物质基础，肥沃的土壤是保证农业丰产的重要条件，土壤耕层的结构合理与否直接关系到农作物的稳产高产，更关系到农业的可持续发展。合理的耕层应具有一定的土壤容重和调控能力，能够协调土壤的水、肥、气热的交换。一方面能很好地促进耕层中矿质化作用，加速养分的释放，并能为作物根系提供良好的土壤环境，使作物根系"吃饱喝足住好"。另一方面，能更好地促进耕层内腐殖化作用，保存和积累有机质，培肥土壤。

目前，国内外农业生产中，合理耕层构造应用比较广泛的技术措施是铧式犁翻耕、圆盘耙耙压、凿形铲深松耕、旋耕。例如德国雷肯栅条犁翻耕、英国犁式耙深埋、意大利马斯奇奥全方位深松机等，上述技术对于疏松土壤都有一定的效果，但这些耕作方法往往使作物的残茬和秸秆混合在耕层土壤中，导致耕后整地质量不好，土壤通风、漏气、跑墒严重，作物残茬与秸秆难以腐烂，从而影响作物的播种、出苗和生长，作物出苗率较低、生长较慢，导致作物产量降低。针对目前耕层结构不良，缺乏有效的耕层修复技术和实用装置，本项目研究是将土壤耕作技术和秸秆深埋还田技术相结合，研究设计一种培肥土壤的复式秸秆还田机具。用它作业，可同时完成土壤的碎化与秸秆深埋还田作业效果，创建良好的土壤耕层，有效增加土壤有机质含量，改善土壤耕层构造，促进作物增产。

三、研究内容

（一）机具研究

1. 1LF系列秸秆掩埋深耕犁

秸秆还田能够促进土壤有机质及氮、磷、钾等含量的增加，培肥地力，提高土壤水分的保蓄能力，提高作物产量，改善土壤性状，还能够增加土壤团粒结构，是恢复和提高土壤肥力的重要措施。本项研究就是集合土壤耕作技术、秸秆还田技术为一体，农机与农艺相结合，进行秸秆掩埋机具的研究设计。

（1）机组布置。为实现良好的作业效果，保证机组作业不出现漏耕和重耕，轮式拖拉机牵引秸秆掩埋深耕犁作业时，拖拉机右轮应行走在秸秆沟底，第一犁体横向配置间隙δ为10～20mm。履带拖拉机牵引秸秆掩埋深耕犁作业时，右履带走在末耕地上，为避免履带压塌沟墙，取δ为100～200mm，δ值与土壤性能和耕深有关。机具布置如图4-1所示。

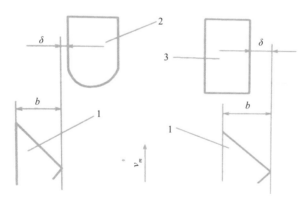

（a）轮式拖拉机耕地机组；（b）履带拖拉机耕地机组
1. 第一犁体；2. 轮式拖拉机右后轮；3. 履带拖拉机右履带；
V_m——机组前进速度

图4-1　拖拉机牵引1LF系列秸秆掩埋深耕犁布置

（2）总体结构。1LF系列秸秆掩埋深耕犁主要由机架、犁刀、主犁、秸秆推送犁、限深轮组成（图4-2）。机架与拖拉机后三点悬挂架相连接，秸秆掩埋深耕犁各零部件均固定在机架上。机具工作时，拖拉机牵引机架前进，机架带动工作部件工作；限深轮起支撑与限深作用。

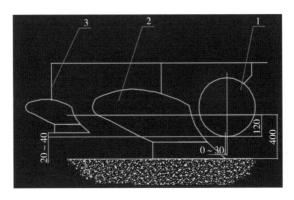

1. 犁刀；2. 主犁；3. 秸秆推送犁　　（单位：mm）

图 4-2　秸秆掩埋深耕犁示意图

　　主犁布置在机架前端右侧；犁刀安装在主犁之前；秸秆推送铧尖与主犁体铧尖的纵向距离应保证土垡翻转不受干扰，一般不小于500mm。从横向看，秸秆推送犁铧的左侧胫刃线应位于主犁体胫刃线向未耕地方向突出10mm，以防沟墙塌落。犁刀安装在主犁之前，犁刀中心在主铧尖垂直上方，犁刀的纵向位置应使圆盘中心线位于主犁铧尖之前，其距离为50～100mm，横垂面上圆犁刀的切割线与犁体胫刃线的距离为10～25mm，以保持沟墙整齐。犁刀刃入土一般应为40～100mm。主犁耕深可达300～400mm，秸秆推送犁耕深应大于秸秆层深度，在30～80mm。

　　（3）工作原理。1LF系列秸秆掩埋深耕犁主要由犁刀、主犁和秸秆推送犁组成的复式犁。机组作业时，安装在机架最前端右侧的犁刀首先入土，切断作物秸秆及残茬，切出整齐的沟墙，防治秸秆缠绕主犁；布置在其后的主犁体翻垡开出秸秆沟，沟深为

350~400mm，沟型呈矩形；布置在主犁后面左侧的秸秆推送犁将接垡处左侧的带有秸秆和残茬的表层土壤翻到主犁体翻起的秸秆沟内，完成一次作业。下次作业时，轮式拖拉机前轮行走在上次作业开出的秸秆沟内，这样可以很好地保证这次作业的主犁体将翻起的土垡覆盖到上次的秸秆沟内，完成秸秆掩埋。同时，后面的秸秆推送犁又将此次作业的秸秆和残茬推送到新开出的秸秆沟内。如此往复，既完成了深翻疏松细碎土壤，又把土壤表层的秸秆与残茬翻入350~400mm土层深处进行还田。满足了秸秆与残茬不与耕层土壤混合，保证了下次作物播种的要求。

（4）关键部件

①主犁与秸秆推送犁设计。主犁与秸秆推送犁设计采用铧式犁体，具有良好的翻垡覆盖性能，并根据GB\T14225—2008铧式犁标准设计犁体曲面，犁体三维图如图4-3所示。

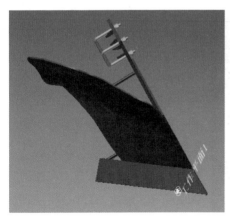 

主犁体　　　　　　　　　　　秸秆推送犁

图4-3　犁体三维图

犁体作业深度较大，普通的犁壁作业时，犁壁上会有很多土，影响犁体正常作业，使土垡无法顺利翻转，产生很大的工作阻力。为此，本犁体在犁体工作表面安装有聚四氟减磨板，减轻土壤与犁体的黏接性，减少犁壁粘土现象，较好地降低了工作阻力。犁体结构见图4-4。

主犁图片   秸秆推送犁图片

图 4-4 犁体结构

图 4-5 犁刀三维结构图

②犁刀设计。犁刀的作用是切断地表秸秆和作物残根及杂草，切出整齐的沟墙，防治秸秆和作物残根缠绕犁体，减少犁体翻垡时的工作阻力和胫刃的磨损。犁刀要求工作阻力小，不易被秸秆、作物残根和杂草缠绕。故犁刀采用圆盘犁刀，在犁刀外圆处开有刃口，刃口处热处理提高刃口的强度和锋利性，保障工作质量。犁刀三维结构如图4-5所示。

（5）1LF系列秸秆掩埋深耕犁主要技术参数。秸秆掩埋作业各地区情况不同，我们根据现有拖拉机动力情况设计了1LF-1型和1LF-2型两种型号秸秆掩埋深耕犁，便于应用推广这两种机具原理完全相同，区别仅在于1LF-1型为一个主犁和一个秸秆推送犁，作业幅宽小；1LF-2型为两个主犁和两个秸秆推送犁，相当于两个1LF-1型并联，作业幅宽大。两型机具图片如图4-6所示，主要技术参数见表4-1。

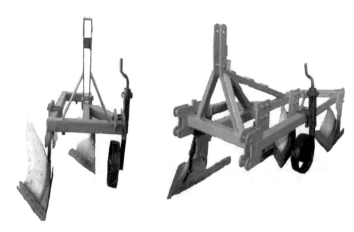

1LF—1型秸秆掩埋深耕犁　　　　　1LF—2型秸秆掩埋深耕犁

图 4-6　秸秆掩埋深耕犁

表 4-1　1LF系列秸秆掩埋深耕犁主要参数

序号	项目	1LF-1型	1LF-2型
1	配套动力（kW）	>67	>92
2	犁体数量（组）	1	2
3	耕幅（mm）	600	1 200
4	主犁耕深（mm）	300～400	300～400
5	秸秆推送犁耕深（mm）	50～100	50～100

2.1LT-2型秸秆掩埋浅耕犁

（1）总体结构。1LT-2型秸秆掩埋浅耕犁的结构与1LF-2秸秆掩埋深耕犁结构基本一致，只是为了适应耕深的变化，将主犁和秸秆推送犁结构改变了。其结构基本是由机架、主犁和秸秆推送犁组成，对于秸秆较长的地表可以加装犁刀，用以切断秸秆，防止秸秆缠绕犁体；对于拖拉机后悬挂没有位置锁定（中位），机具处于悬浮的，可以加装限深轮控制作业深度。图4-7为1LT-2型秸秆掩埋浅耕犁基本结构图。

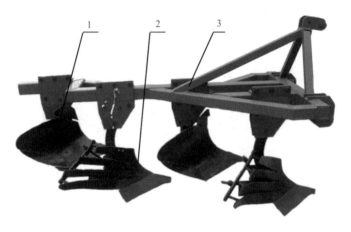

1. 秸秆推送犁；2. 主犁；3. 机架

图 4-7　1LT系列秸秆掩埋浅耕犁基本结构

（2）1LT-2型秸秆掩埋浅耕犁工作原理。1LT系列秸秆掩埋浅耕犁主要由机架、主犁和秸秆推送犁组成的复式犁，其工作原理与1LF系列秸秆掩埋深耕犁相同。机组工作在长秸秆覆盖地表时，在机架最前端右侧主犁前应安装的犁刀，利用其入土性能好，切断作物秸秆及残茬，切出整齐的沟墙，防止秸秆缠绕主犁；如果工作在秸秆粉碎后的地表时，不用安装犁刀，减少工作阻力。主犁体的作用是将土壤翻垡破碎到相邻的地表（已开出的秸秆沟内）开出秸秆沟，沟深为200～250mm，沟型呈矩形；布置在主犁后面左侧的秸秆推送犁将接垡处左侧的带有秸秆和残茬的表层土壤翻到主犁体翻起的秸秆沟内，完成一次作业。下次作业时，轮式拖拉机前轮行走在上次作业开出的秸秆沟内，这样可以很好地保证这次作业的主犁体将翻起的土垡覆盖到上次的秸秆沟内，完成秸秆掩埋。同时，后面的秸秆推送犁又将此次作业的秸秆和残茬推送到新开出的秸秆沟内。如此往复，既完成了耕翻疏松细碎土壤，又把土壤表层的秸秆与残茬翻入200～250mm土层深处进行还田。满足了秸秆与残茬不与耕层土壤混合，保证了下次作物播种和秧苗移植的要求。

（3）关键部件。

①主犁。主犁采用栅条结构，碎土效果较为理想，耕过的土地平整性好，不会有大的土块。栅条犁犁体曲面和土伐的接触面积较小，降低了犁壁粘结土壤的几率，从而减少土垡的翻转阻力，提高了翻垡效果。因此，主犁犁体设计为栅条犁，作业效果良好，工作阻力较小；可以将地表秸秆和表土较为顺利地翻入200mm以下的土壤中，地面上看到的杂草秸秆较少。栅条犁见图4-8。

②秸秆推送犁。秸秆推送犁采用铧式犁体，具有良好的翻垡覆盖性能，根据GB\T14225—2008铧式犁标准设计犁体曲面。秸秆推送铧式犁见图4-9。

图4-8 主犁栅条结构

图 4-9 秸秆推送铧式犁

（4）主要技术参数

1LT-2型秸秆掩埋浅耕犁主要参数见表4-2。

表 4-2 1LT-2型秸秆掩埋浅耕犁主要参数

序号	项目	参数
1	配套动力（kW）	>48.7
2	犁体数量（组）	2
3	耕幅（mm）	1 200
4	主犁耕深（mm）	200 ~ 250
5	秸秆推送犁耕深（mm）	10 ~ 50

3. 1LP-2抛土式秸秆掩埋机

（1）总体结构。为充分发挥拖拉机的动力，提高机组的功效，本机利用拖拉机动力输出轴的动力实现抛土、碎土、开沟；利用入土铲提高机具的入土性能；利用秸秆推送铲实现秸秆和表土推送入秸秆沟。该机由机架、入土铲、抛土盘、抛土盘壳体、秸秆推送铲和传动装置构成。结构简图如图4-10所示。

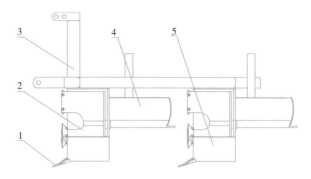

1. 入土铲；2. 抛土盘；3. 机架；4. 秸秆推送铲；5. 抛土盘壳体

图 4-10　抛土式秸秆掩埋机简图

（2）工作原理。抛土式秸秆掩埋机主要由机架、入土铲、抛土盘、抛土盘壳体、秸秆推送铲和传动装置构成。机具俯视图如图4-11所示。

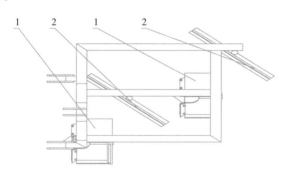

1. 抛土盘；2. 秸秆推送铲

图 4-11　机具俯视图

该机机架与拖拉机后三点悬挂架相连接，拖拉机后动力输出轴通过万向节与该机传动装置连接。作业时，拖拉机牵引抛土式秸秆掩埋机向前运动，入土铲首先入土，使整机有个向下的入土力，便于抛土盘入土。抛土盘在拖拉机动力驱动下，做回转运动，抛土盘通过抛土盘壳体利用土壤摩擦力使土壤更加碎化并抛送出去，形成一个断面呈圆弧形的秸秆沟；抛土盘壳体侧上部安装有挡板，通过调节挡板开启角度实现控制土壤抛送距离，将抛土盘内土壤抛送入秸秆沟内；其后面秸秆推送铲将其侧后方地表的秸秆和表土推送入沟内，形成一个洁净的工作面，下一个抛土盘工作在这个洁净面上，将抛出的土壤送入前面已推入秸秆的沟内，完成一次秸秆掩埋工作。下次作业，第一个抛土盘工作在上次作业后洁净的地表，将土抛送到上次作业已推入秸秆的沟内，如此往复，既完成了疏松细碎土壤，又把土壤表层的秸秆与残茬翻入200～250mm土层深处进行还田。满足了秸秆与残茬不与耕层土壤混合，保证了下次作物播种的要求。

（3）关键部件

①入土铲。抛土式秸秆掩埋机作业深度在200～250mm，工作阻力大，为降低拖拉机的牵引力，实现减阻增效目的，设计了入土铲。入土铲采用铧犁设计，铲面为弧形，两侧面开有刃口，以期减小工作阻力；铲面与地表成22.5°布置，起到楔入土壤的作用，使土壤受到剪切、弯曲、掀起和向上及两侧的挤压等综合作用，疏松土壤，提高机组的入土性能；入土铲锋利的铲刃可以有效切断作物残茬及杂草的茎根，起到灭茬及除草效果。入土铲结构简图如图4-12所示。

入土铲面侧视图　　　　　　入土铲面俯视图

图4-12　入土铲结构简图

②抛土盘。抛土盘主要由切土刀、抛土板、回转圆盘和驱动轴组成。切土刀由60Si2Mn钢板制作，表面经高频淬火处理，切土刀通过螺栓安装在抛土板上，抛土板通常用锰钢板制作，该刨土板均布焊在回转圆盘的圆周上，驱动轴与回转圆盘相对固定，驱动回转圆盘旋转。结构如图4-13所示。

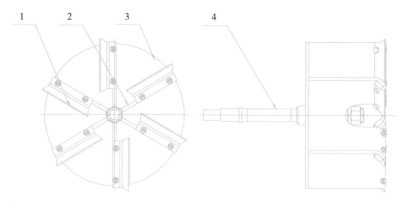

1. 切土刀；2. 抛土板；3. 回转圆盘；4. 驱动轴

图 4-13　抛土盘结构示意图

回转圆盘的组成主要包括抛土盘端板、碎土锥面和轮毂（图4-14）。碎土锥面和轮毂焊接于抛土盘端板上，作业时，随着机具的前进和切土刀的压送，土壤进入碎土锥面并沿锥面向上移动，在碎土锥面对土壤进行挤压过程中，土壤进一步碎化。同时抛土板带动土壤沿抛土盘壳体高速回转促使土壤高速运动，因

1. 抛土盘端板；2. 碎土锥面

图 4-14　回转圆盘结构示意图

抛土盘壳体静止，造成土壤间较大的速度差，使土壤间相互摩擦和推挤，土壤得到进一步碎化后，被抛送出去，完成碎土抛送过程。

切土刀安装在抛土板上，与土壤断面有一定的切削角，合理的切削角可以减小切土刀切削土壤的阻力，降低机具的功耗，提高作业质量和作业效率。工作时，切土刀随回转圆盘一起回转，切削刃反复切削土壤，属于易损件，可以更换，重新刃磨，保证切削阻力较小。切削刃主要切削前面入土铲破坏的土壤，将切削后的土壤压送入回转圆盘。

（4）主要参数

1LP-2型抛土式秸秆掩埋机主要参数见表4-3。

表 4-3　1LP-2型抛土式秸秆掩埋机主要参数

序号	项目	参数
1	配套动力（kW）	>58.8
2	抛土盘数量（组）	2
3	秸秆推送犁数量（组）	2
4	主犁耕深（mm）	200～250
5	秸秆推送犁耕深（mm）	10～50

4. 1LF-435型液压翻转犁

（1）总体结构。1LF-435型液压翻转犁包括犁架、犁体、悬挂装置、翻转机构、定位装置、限深轮、翻转油缸。液压翻转犁的整体结构布局为：以犁架为中心，犁架前端设置悬挂装置，悬挂装置与翻转机构相连，翻转机构通过悬挂装置中间套筒与犁架相连接，形成一个整体。犁架上安装左右对称翻转犁体，犁架另一侧安装限深轮。图4-15为1LF-435型液压翻转犁的整体结构示意图。

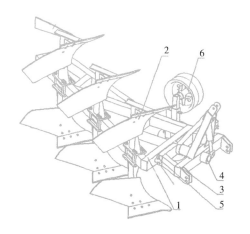

1. 犁架；2. 犁体；3. 悬挂装置；4. 翻转机构；5. 定位装置；6. 限深轮

图 4-15 1LF-435液压翻转犁总体结构

（2）技术特征。利用拖拉机三点悬挂与机具连接，悬挂装置将翻转犁挂接在拖拉机后面，通过拖拉机液压驱动，实现液压翻转犁的翻转。犁耕作业前，调整好犁体位置。犁耕转向时，通过操控液压驱动装置，犁架上的翻转臂带动翻转轴转动来实现犁体的翻转。如需作业调节耕深，可通过改变悬挂装置和限深轮的高度来实现。犁体是翻转犁犁耕作业过程中主要的工作部件，犁铧切开土垡，犁曲面进行翻土和碎土。犁柱作为翻转犁的主要支撑部件，深翻和犁耕作业因设计不够合理时，往往会造成秸秆残茬大量堆积，致使犁柱阻力增大。为确保整机通过性能良好，本设计的犁柱底端距犁架基面的高度可达到700mm，有效增加翻转犁犁柱的高度，使得翻转犁在耕地过程中合理减少秸秆残茬堆积，确保作业质量，为后续的整地播种作业创造条件。

（3）技术创新点

①犁铧采用ADI技术制造，产品具有成本低、重量轻、耐磨性

好、高韧性、高冲击性的优点。增加犁体使用寿命，减少换铧时间，提高工作效率。

②增加犁柱高度。在耕地过程中，增加植被通过性能，减少堵塞，有效解决犁具在耕作过程中出现秸秆堆积，影响顺利通过等问题。

（4）主要技术参数

1LF-435型液压翻转犁的主要技术参数见表4-4。

表 4-4　1LF-245型液压翻转犁主要参数

序号	项目	参数
1	配套动力（kW）	>51.47
2	犁体数量（个）	左右各4
3	单铧耕幅（mm）	350
4	外型尺寸（mm）	4 800 × 2 400 × 1 700
5	适应耕深（mm）	18～30
6	作业效率（hm²/h）	0.73～1.07

（二）机具试验

1. 1LF系列秸秆掩埋深耕犁

近年来，由于人们对土壤过度开发，大量施用化肥农药，种植品种单一，导致耕地地力严重退化、土壤板结、犁底层上移加厚、水土流失、盐渍化加剧，使农业环境十分恶劣。为改善土壤，构建合理的耕层结构，使用1LF系列秸秆掩埋深耕犁秸秆还田作业，以期获得良好的秸秆还田效果。

1LF系列秸秆掩埋深耕犁在辽宁、黑龙江、甘肃、内蒙古自治区（全书简称内蒙古）等地进行了试验。通过试验发现1LF系列秸秆掩埋深耕犁可将农作物秸秆及根茬翻埋到耕层下部35～40cm土层深处，形成隔层还田，以期改善耕层下部紧实土壤的不良理化性状。秸秆中含有农作物生长所必需的氮、磷、钾、镁、钙及硫等元素，可减少化肥施用量，有利于土壤结构的恢复和地力的提升。秸秆又是优质的有机质，可以恢复土壤中有益菌群的数量和活动，促进土壤团粒结构的生成，降低土壤容量，疏松土质，提高土壤水、肥、气、热的传导，明显改善土壤结构。1LF系列秸秆掩埋深耕犁作业是将秸秆埋入耕层下部，秸秆不与耕层上部土壤混合，犁体只对耕层上部土壤进行松碎，耕后的耕层土壤不影响作物播种，破解了秸秆处理难题。1LF系列秸秆掩埋深耕犁秸秆还田作业现场如图4-16所示。

图4-16　1LF系列秸秆掩埋深耕犁作业现场

（1）秸秆还田作业。秸秆还田是一项培肥地力的增产措施，能够增加土壤有机质，改良土壤结构，疏松土壤，增加土壤孔隙度，减轻土壤容量，促进土壤微生物活力和作物根系的发育。秸秆还田技术是一项使农业增产增收，改善土壤结构，恢复农业良性循环的技术。为配合秸秆还田试验作业，该机具进行了多倍量秸秆还田作业试验，通过试验效果看，基本能够满足相关试验要求。作业效果如图4-17所示。

全量秸秆还田秸秆地表覆盖

全量秸秆还田秸秆作业现场

二倍量秸秆还田秸秆地表覆盖

二倍量秸秆还田秸秆作业现场

三倍量秸秆还田秸秆地表覆盖

三倍量秸秆还田秸秆作业现场

五倍量秸秆还田秸秆地表覆盖　　　　五倍量秸秆还田秸秆作业现场

图 4-17　多倍量秸秆还田作业效果

（2）中低产田改造。随着我国经济的快速发展，我国耕地面积不断减少，如何保持农业的可持续发展，实现耕地单位面积的稳产，探索和加强对中低产田的改造和治理，充分挖掘中低产田的生产潜力尤为重要。我国的中低产田比较集中、水土资源较为丰富，通过对中低产田的综合治理和开发，提高中低产田的单产，促进我国农业的稳产高产。

中低产田多是因土壤贫瘠、干旱、盐渍等引起的，通过1LF系列秸秆掩埋深耕犁的秸秆还田作业，在耕层与下层土壤间形成秸秆层，阻断盐渍等不利因素对耕层的侵扰，再通过适当的方法创造出合理的耕层土壤，逐渐加厚耕作层，实现培肥地力，改造中低产田的目的。

内蒙古鄂尔多斯准格尔旗五家尧村、内蒙古巴彦淖尔五原地区，土壤严重盐碱化，为改良土壤，利用1LF系列秸秆掩埋深耕犁采用1~2倍量秸秆进行还田作业，实现在耕层和耕层下土壤间形成秸秆层，再通过降低地下水位等措施，实现改良土壤，变低产田为中产田、中产田为高产田，提高土地生产能力。图4-18为盐渍地土壤改良作业现场。

图 4-18　盐渍地土壤改良作业现场

2. 1LT-2型秸秆掩埋浅耕犁

1LT-2型秸秆掩埋浅耕犁样机试验选在重黏土地，由于重黏土对犁的阻力大，土壤黏接犁壁现象严重，为考核机具作业性能，选在重黏土地块作业试验。试验表明犁壁粘土现象很少出现，在重黏土地块作业牵引阻力小于铧式犁，节约动力约为10%，碎土效率理想，作业后地表基本看不到杂草和秸秆，耕深稳定，达到了设计指标。机具耕深试验如图4-19所示。

图 4-19　机具耕深试验

为了扩大1LT-2型秸秆掩埋浅耕犁适用范围，还进行了绿肥还田试验。绿肥是一种人工种植的豆科作物，生长状态为层层堆积，厚度在800mm左右，藤蔓长度大多超过1m。作业土壤湿度大，要求绿肥翻埋深度为250mm，动力选用东方红904拖拉机，翻埋基本达到了设计指标。图4-20为绿肥翻埋作业现场。

图 4-20　1LT-2型秸秆掩埋浅耕犁绿肥还田作业

通过上述试验作业后，1LT-2型秸秆掩埋浅耕犁具有良好的碎土效果，并且犁壁不易粘土，翻埋秸秆、绿肥均较为理想，动力消耗较小，适合47.79～66.18kW拖拉机配套作业。

3.1LP-2抛土式秸秆掩埋机

1LP-2抛土式秸秆掩埋机试验选在玉米机械收获后全量秸秆覆盖地表。地表如图4-21所示，机具作业情况如图4-22所示。

图 4-21　玉米机械收获后全量秸秆地表

图 4-22　机具作业情况

通过试验表明，1LP-2抛土式秸秆掩埋机比较充分地发挥了拖拉机的动力，使拖拉机的动力输出和牵引力均得到了充分发挥，该机可以使用功率较小的拖拉机驱动，降低了作业成本。试验中使用的是58.82kW拖拉机驱动，碎土效率理想，作业后地表基本看不到杂草和秸秆，耕深稳定，达到了设计指标要求。

4.1LF-435型液压翻转犁

通过试验，检验1LF-435型液压翻转犁田间作业的适应性能和可靠性；考核验证液压翻转犁样机的整体技术参数和结构配置的合理性；考核犁铧耐磨性及抗弯性。为本产品的改进和科研鉴定提供依据。

2015年10月25日，课题组成员在本溪县碱厂卜村进行了田间作业（图4-23）。前茬作物为玉米，通过带有秸秆还田的联合收割机收获玉米作物，地表留下大量玉米秸秆和根部较深的残茬。茬高长度大约100mm。土壤条件为黏土，配套拖拉机为东方红-LX804，单铧耕宽调整到350mm，作业耕幅为1 400mm，机车稳定工作时平均作业速度为7.3km/h。课题组成员对土壤绝对含水率、耕深、耕深稳定性变异系数、漏耕率、碎土率、植被覆盖率等参数进行检测。并对犁铧耐磨性、抗弯性进行对比试验。测试结果记入表4-5。

图 4-23 LF-435型液压翻转犁整地作业

表 4-5 性能参数测试结果

序号	项目名称	技术要求	测定结果	单项判定
1	作业速度（km/h）	> 5.0	7.3	合格
2	含水率	10% ~ 25%	20%	合格
3	耕深（mm）	180 ~ 300	260	合格
4	耕深稳定性变异系数（%）	≤10	5.1	合格
5	漏耕率（%）	≤2.5	2.3	合格
6	碎土率（%）	≥65	85	合格
7	植被覆盖率（%）	地表以下80	88.5	合格
		80mm以下60	84	合格

经过多次试验测得1LF-435型液压翻转犁的作业耕幅1 400mm，

耕深280mm，机具稳定工作时平均作业速度7.3km/h，生产率1.02hm^2/h，累计耕地约30hm^2，没有出现大的故障。碎土率达到85%，植被覆盖率为88.5%，翻垡、耕深、耕深稳定性，达到预期设计效果，局部问题也已做了改进和完善。采用ADI技术制造犁铧，比传统国标锻造合金钢的犁铧耐磨，抗弯。

通过上述试验，1LF-435型液压翻转犁其先进的结构设计和创新材质、工艺相结合，其性能、效率、可靠性、使用寿命大大提高，整机水平达到了国内先进的水平。为企业及农户带来良好的经济效益，具有广阔的产业化及推广前景。

第五章　新型播种分层施肥机械研制与应用

一、目的意义

目前，世界各国都面临着发展农业生产和保护资源环境的双重挑战，逐渐认识到传统耕作方式是农业可持续发展的障碍。中国是一个干旱缺水的国家，我国北方旱区降水少、蒸发大、水土流失严重，作物大面积受旱减产，以机械化作业为主要手段的保护性耕作技术，逐渐得到各级政府重视，已经形成了一套较为有效的机械化保护性耕作技术，在实际生产中发挥了重要的作用。保护性耕作技术推广成功与否的前提是必须有适合农业生产特点的保护性耕作技术的配套机具，免耕播种施肥机是保护性耕作的重要内容之一，始终是我国保护性耕作技术推广的瓶颈。因此，在引进消化吸收国内外先进技术的基础上，探索研制和开发适合我国国情的免耕播种配套机具已经引起广泛的关注，对我国农业的可持续发展，具有重要的现实意义。

二、现状趋势

从20世纪60年代开始，前苏联、加拿大、澳大利亚、巴西、阿根廷、墨西哥等国家纷纷学习美国的保护性耕作技术，在半干旱地区广泛推广应用，并且更加注重农机与农艺技术的紧密结合，显示出良好的生态经济效果和发展前景。我国于20世纪70年代开始了保护性耕作技术的研究，20世纪90年代以来，随着现代农业技术的进步，保护性耕作研究与示范工作发展速度加快，保护性耕作技术得到推广应用。免耕播种是保护耕作的重要内容之一。目前，国外的免耕播种机几乎全都是联合作业机，性能先进，一次完成破茬、松土、开沟、播种、施肥、撒药等多项作业。我国免耕播种机大多是在引进国外技术基础上生产的，在产业规模上、品种上、质量上与国外相比尚有较大差距。因此，在借鉴国外先进技术的基础上，研制、开发适合我国国情的免耕播种机是当前最为迫切的问题。

三、研究内容

（一）机具研究

1.2BMS-2型深松免耕分层施肥播种机

保护性耕作与传统耕作相比虽然具有许多益处，但目前的保护性耕作技术和机具还存在诸多问题，如普遍存在侧施肥时易造成化肥烧种烧苗、免耕播种后作物根系难以下扎等问题，使作物产量受到极大影响，已严重影响到保护性耕作的推广应用。为解决上述技术问题，我们优化集成了土壤深松、肥料分层深施、免耕精密播种等多项技术，研究开发深松分层施肥免耕播种机。其中分层施肥装置，现已申请国家专利。

（1）总体结构。2BMS-2型深松免耕分层施肥播种机以播种玉米为主，可与47.8～56.3kw轮式拖拉机悬挂式挂接使用。该机主要由悬挂机构、种床秸秆清理机构、限深行走轮、深松机构、分层施肥机构、侧施肥机构、播种机构、镇压机构，多功能智能监控系统组成（图5-1），一次可完成种床秸秆清理、深松、分层施肥、侧施肥、播种、覆土和镇压等作业。

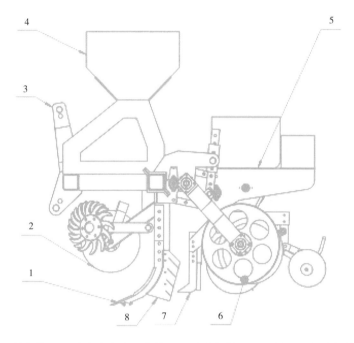

1.深松机构；2.种床秸秆清理机构；3.悬挂机构；4.肥箱；5.播种机构；
6.限深行走轮；7.侧施肥机构；8.分层施肥机构。

图5-1　2BMS-2型深松免耕分层施肥播种机结构示意图

　　该机采用悬挂式结构，双侧限深行走轮既是运输轮又是传动轮，由手动控制升降并切换工作状态。机具前端为种床秸秆清理机构，由仿形爪式清茬（草）部件及曲面圆盘破茬机构组成，主要作用为切开地面覆盖的秸秆和根茬，并清理预播种条带；种床秸秆清理机构后安装深松机构和分层施肥机构，深松机构采用凿式深松铲，深松工作阻力小，深松铲柄后安装分层施肥机构，分层施肥机构将复合缓释肥分成多层施于深松沟内100mm至深松沟底≥250mm的区域内，形成一个长条体形的立体肥带；之后为侧施肥机构，将肥料施于90mm的区域内；播种机构由播种双圆盘开沟器、浮动限深轮、指夹式排种器和镇压轮等组成，覆土镇压机构采用"V"字形对置设置窄空心橡胶轮，既可挤压式覆土又能实现镇压，既缩短了机具长度，减轻了机具重量，镇压强度又高，抗旱保墒效果好。

（2）技术原理。2BMS-2型深松免耕分层施肥播种机与四轮拖拉机采用后三点悬挂连接，机具在全部秸秆覆盖、留茬条件下进行免耕播种，一次性完成清理种床秸秆、深松、分层施肥、侧深施肥、播种、覆土、镇压等多项作业，兼具有播种智能监视器在全部秸秆覆盖、留茬条件下进行免耕控功能。作业时，在拖拉机的牵引下，首先由种床秸秆清理机构清理预播种条带后深松机构进行土壤疏松，分层施肥机构将肥料多层施于深松沟内100mm至深松沟底≥250mm的区域内，侧施肥机构深松沟旁边30~50mm处开出施肥沟将肥料施于90mm的区域内，之后由播种机构完成开沟、播种，最后完成覆土与镇压作业。

（3）技术特征。

①该机与四轮拖拉机采用后三点悬挂连接，机组的前进、后退和转弯的机动性能好，小地块作业性能优于牵引式；

②该机种床秸秆清理机构由仿形爪式清茬（草）部件及曲面圆盘破茬机构组成，作业时能够切开和拨开地面覆盖的秸秆、根茬，清理出预播种条带；

③该机深松机构采用凿式深松铲，疏松土壤且深松工作阻力小；

④该机设有分层施肥机构，由电动排肥器将复合缓释肥分成多层施于深松沟内100mm至深松沟底≥250mm的区域内，形成一个长条体形的立体肥带，利于作物生长；

⑤该机施肥机构采用侧深施肥机构，由搅龙式排肥器将肥料施

于深松沟旁边30～50mm处开出施肥沟的深90mm的区域内，满足作物生长需要；

⑥该机采用进口指夹式排种机构，能够实现玉米单粒精密播种及检测到漏播后报警，避免大面积作业时出现断苗现象；

⑦该机采用"V"字形对置设置窄空心橡胶轮，既可挤压式覆土又能实现镇压，既缩短了机具长度，减轻了机具重量，镇压强度又高，抗旱保墒效果好。

（4）创新点、新颖点。本机采用的深松分层施肥装置包括深松机构、分层施肥器，所述分层施肥器焊接在深松机构后面，所述分层施肥器上部为肥料输入口，分层施肥器后部为肥料排出口，分层施肥器内设置多个分肥板和分肥调节板，对应每个分肥板均有层肥料排出口，相邻分肥板及分肥板与分层施肥壳体间分别形成多个层肥料排出口。本发明的深松分层施肥装置设有多个分肥板，分肥板与垂直方向夹角为40°～50°，有利于排肥作业；所述深松分层施肥装置设有分肥调节板，分肥调节板可绕分肥板转轴转动，通过调节分肥调节板的工作位置，调节各层的排肥量，从而实现各层的排肥量调节。

《一种深松分层施肥装置》已申请专利，专利号：ZL201720769035.0。

（5）主要技术参数。2BMS-2型深松免耕分层施肥播种机主要技术参数见表5-1。

表 5-1　2BMS-2型深松免耕分层施肥播种机主要参数

序号	项目	参数
1	配套动力（kW）	47.8～56.3
2	作业行数（行）	2
3	播种深度（mm）	30～50
4	施肥深度（mm）	90

（续表）

序号	项目	参数
5	行距（mm）	450 ~ 700
6	株距（mm）	100 ~ 330
7	外形尺寸（mm）	2 200 × 2 100 × 1 600
8	排种器	指夹式
9	排肥器	侧施肥：搅龙式
10		分层施肥：电动式
11	作业效率（hm²/h）	0.16 ~ 0.54

2.2BDM-2型动力破茬免耕播种施肥机

现阶段我国农业生产规模小且地块分散，保护性耕作机具的探索一直朝着消耗功率低、作业面积小和工作灵活的悬挂式小型机具方向发展，然而在地表有秸秆覆盖条件下进行播种作业，悬挂式小型免耕播种机具因自身重量不足，破茬效果不理想，导致通过性差，普遍存在秸秆堵塞问题，因此，解决在秸秆覆盖条件下的堵塞问题已成为我国现阶段免耕播种机亟待解决的关键课题之一。近年来，相关院所虽然进行了一些关键机具的研制开发，如采用单圆盘滚动机构实施破茬，仍存在因机具自身重量过小，导致破茬效果不理想的问题，因此，研制开发能够在原地表为秸秆覆盖的留茬地上进行玉米免耕播种的悬挂式小型动力破茬免耕播种机，从技术上解决小型免耕播种机机具作业时的秸秆堵塞的难点问题，实现了真正意义上的保护性耕作，支持和保障保护性耕作技术的大面积推广应用，为我国生态环境保护、粮食安全、农民增收和农业可持续发展做出贡献，具有重要的现实意义。

（1）技术方案。2BDM-2型动力破茬免耕播种施肥机包括机架、侧深施肥机构、破茬机构、仿形机构、秸秆和杂草清理机构、双缺口圆盘开沟器和播种机构、覆土镇压机构，如图5-2、图5-3、图5-4、图5-5所示。破茬机构安装在机架前下方，包括变速箱、主动链轮、从动链轮、传动链、固定支板、方轴、两对双圆盘（双圆盘间距离为500～700mm）。变速箱将动力经主动链轮、传动链、从动链轮传给方轴，通过方轴带动左右两对双圆盘转动，依靠双缺口圆盘的旋转完成破茬作业。左右两对双圆盘间距根据作业的农艺要求可进行调节。侧深施肥机构的施肥箱安装在机架正上方，施肥开沟刀对称固定安装在机架前横梁上，施肥开沟刀与内侧缺口圆盘破茬刀紧靠，机具作业时施肥开沟刀与内侧缺口圆盘旋转开出沟槽，将肥料施于土壤中。仿形机构对称安装在机架后横梁上，可根据地形变化进行仿形，确保耕深的一致性。仿形机构下方安装有秸秆和杂草清理机构，其目的是清除根茬、秸秆和杂草，防止根茬、秸秆和杂草的存在影响播种效果。仿形机构后方安装有双圆盘开沟器和播种机构，双圆盘开沟器利于避开根茬、秸秆和杂草，确保播种的作业效果。播种机构后方安装有覆土镇压机构，起镇压及保墒作用。

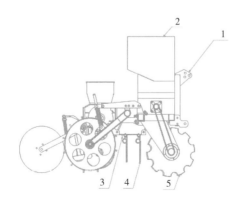

1. 机架；2. 施肥箱；3. 仿形机构；4. 秸秆和杂草清理机构；5. 破茬机构；

图 5-2 2BDM-2型动力破茬免耕播种施肥机的主视图

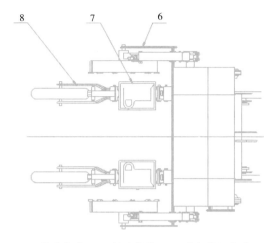

6.地轮机构；7.播种机构；8.覆土镇压机构

图 5-3   2BDM-2型动力破茬免耕播种施肥机的俯视图

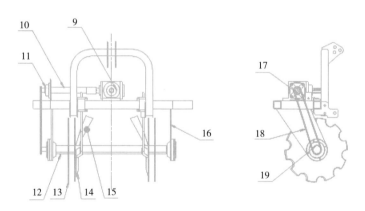

9.变速箱；10.传动轴；11.支承轴承；12.方轴；13.动力式双圆盘；
14.施肥开沟刀；15.排肥管；16.支承板；17.主动链轮；
18.链条；19.从动链轮

图 5-4   破茬机构的局部视图

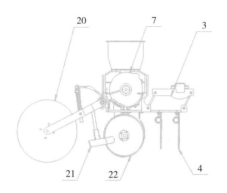

20. 镇压机构；21. 覆土器；22. 双圆盘开沟器

图 5-5 开沟、播种、覆土、镇压的局部图

（2）工作原理。2BDM-2型动力破茬免耕播种施肥机与小四轮拖拉机采用后三点悬挂连接，作业时，在拖拉机的牵引下，拖拉机动力通过动力输出轴、变速箱将动力传给双圆盘破茬机构进行破茬，同时由施肥开沟刀与内侧圆盘旋转开出沟槽将肥料侧深施土壤中，秸秆和杂草清理机构将秸秆、根茬和杂草避开，经双圆盘开沟器开沟后，由播种机构进行播种作业，然后由覆土器进行覆土，最后由镇压机构进行镇压，保证播种质量。

该机结构紧凑、工作可靠，适用于高茬地或秸秆粉碎覆盖地的免耕精密播种和侧深施肥，适用播种作物为玉米播种作业等。配套动力为17.6kW以上小四轮式拖拉机，每次可播种施肥2行，行距500~600mm。

（3）技术特征。

①该机与小四轮拖拉机采用后三点悬挂连接，机组的前进、后退和转弯的操作性能好，尤其适用于小地块作业。

②该机施肥机构采用侧深施肥机构，施肥箱安装在机架正上方，施肥开沟刀对称固定安装在机架前横梁上，施肥开沟刀与内侧

缺口圆盘破茬刀紧靠，机具作业时施肥开沟刀与内侧圆盘旋转开出沟槽，将肥料施于土壤中。

③该机破茬机构安装在机架前下方，双缺口圆盘对称安装于方轴上，双缺口圆盘间距离为500～700mm，左右两对双圆盘间距根据作业的农艺要求可进行调节。变速箱将拖拉机动力经传动轴传给主动链轮、传动链、从动链轮再传给方轴，通过方轴带动左右两对双缺口圆盘转动，完成破茬作业。

④该机仿形机构对称安装在机架后横梁上，可根据地形变化进行仿形，确保播种深度的一致性。仿形机构下方安装有秸秆和杂草清理机构，其目的是清除根茬、秸秆和杂草，防止根茬、秸秆和杂草的存在影响播种效果。仿形机构后方安装有双圆盘开沟器和播种机构，双圆盘开沟器利于避开根茬、秸秆和杂草，确保播种的作业效果。

⑤该机播种机构后方安装有覆土镇压机构，完成覆土和镇压作业，保证种子与土壤紧密接触，以便提供充足的水分和养分，提高出苗率。

（4）创新点、新颖点。

经辽宁省科学技术情报研究所查新检索：动力式双缺口圆盘破茬机构和动刀式施肥开沟装置在国内文献检索中未见相同研究报道。

①动力式双缺口圆盘破茬机构，依靠对称安装于方轴上的两对双缺口圆盘高速转动，完成破茬作业；

②动刀式施肥开沟装置，依靠开沟刀与内侧圆盘旋转开出沟槽，排肥机构将肥料施于土壤中。

"一种小型动力破茬免耕播种施肥机"已获得国家专利授权，专利号为ZL201520054028.3。

（5）主要技术参数

2BDM-2型动力破茬免耕播种施肥机主要技术参数见表5-2。

表 5-2　2BDM-2型动力破茬免耕播种施肥机主要参数

序号	项目	参数
1	配套动力（kW）	>17.6
2	作业行数（行）	2
3	播种深度（mm）	30 ~ 50
4	施肥深度（mm）	90
5	行距（mm）	450 ~ 600
6	外型尺寸（mm）	1 800 × 1 400 × 1 400
7	作业效率（hm²/h）	0.16 ~ 0.54

（二）机具试验

通过工作部件的对比性试验和整机在朝阳、抚顺、铁岭等地的生产性试验，对2BMS-2型深松免耕分层施肥播种机得出如下试验研究结果，在最佳工作速度在8 ~ 10km/h条件下，试验结果如表5-3所示。

表 5-3　2BMS-2型深松免耕分层施肥播种机作业质量测定

序号	项目	参数
1	空穴率（%）	2.0
2	穴距合格率（%）	96.3
3	播种深度合格率（%）	94.8
4	穴粒合格率（%）	98.36
5	各行排肥量一致性变异系数（%）	2.6
6	总排肥量稳定变异系数（%）	3.2
7	施肥深度合格率（%）	92

2BDM-2型动力破茬免耕播种施肥机在辽宁省农业机械化研究所的土槽试验台对破茬机构及仿形机构等部件进行了大量的性能试验，在此基础上又对整机进行多次试验，并进行了小规模的免耕播种作业试验，得到了农户的好评。该机具有结构简单，体积小、重量轻、价格低、操作方便等特点。该机在阜新、朝阳、清源等地区进行了田间试验、示范推广。截至2015年年底已累计推广应用300台，取得了良好的经济效益和社会效益。

第六章 荒漠绿洲农地保水保肥机械
研制与应用

一、目的意义

我国是世界上干旱缺水较为严重的国家之一，全国水资源拥有总量为$2.8×10^{12}m^3$，居世界第六位，而人均占有量仅为世界平均水平的1/4。从全国水资源和耕地组合情况来看，水资源分布在地区上极其不均衡，我国西北地区耕地面积占国土面积的11.99%，而水资源总量仅占全国的8.14%，水资源不足是制约地区人民生产和生活，特别是干旱地区农业发展的主要因素。

荒漠绿洲以灌溉农业为主，但近几十年来由于该地区绿洲面积不断扩大，人类的生活用水、生产用水和农业用水量等不断加大，导致了地区湖泊干涸、地下水位下降、夏季用水高峰期河道断流、土壤盐碱化和荒漠化严重、生态环境日益恶化。有限的水资源恶化趋势更加加剧了地区的水资源短缺问题。因此，应从地区自身特点出发，在种植措施上进一步探索，寻找更加合理的、有效的节水措施，建立高效节水型绿洲农业，实现水资源的可持续利用。

二、现状趋势

随着人口不断增长、工农业日渐发展以及城镇化加快，世界各国土地退化严重，土地沙化速度加快，土地日趋贫瘠，土地质量日趋下降，导致土地生产力严重衰退，耕地不断减少。我国是世界上受沙化危害最严重的国家之一，沙化面积大、分布广，加剧生态环境恶化，已严重影响我国工农业和社会经济的发展，威胁民族生存与发展空间，造成了严重经济损失；虽然近年来世界各国加大对退化土地的治理改良力度，并取得一定成效，但土地退化依然严重。因此，加强沙化土地治理，改良沙化土壤，防止土地退化，保护土地环境，形势迫在眉睫。近年来，各种土壤改良剂相继问世，并为改良沙化土壤取得很好成效。但土壤改良剂大多属于化学产品，成本较高，而且极易产生化学二次污染。因此，进一步研究退化土壤改良对策，充分利用可再生资源、尽可能减少二次污染成为发展思路。

三、研究内容

我国农作物秸秆资源丰富，秸秆资源用途广泛，但如果不能有效利用，反而会成为巨大的污染源。另外，我国沙质土壤面积分布较广，沙质土壤具有结构性差、保水蓄水力弱、抗旱力差、养分含量少、保肥力差等特性，不利于农作物的生长，大多数沙质土壤属于肥力较差的土壤。因此，通过掩埋秸秆颗粒来实现改良沙质土壤，提高沙质土壤肥力，是提升沙质土壤生产力的重要举措之一。

本项研究以玉米秸秆压缩颗粒为载体，通过配套装备将直径10mm长15mm左右的秸秆颗粒撒施于地表150～200mm处，并形成一个宽100～200mm厚30～50mm的秸秆颗粒层。当养分和水分下渗时，该秸秆颗粒层可将养分和水分在一定空间内吸收保存，为作物生长提供养分和水分的有效储备，进而实现保水保肥的目的。

（一）机具研究

根据生产实际需要，结合秸秆压缩颗粒的性状特点，研制出能够将秸秆颗粒埋至地表下200mm处的1KGL-3型保水保肥联合整地机，在作物根部制造局部微环境，实现减少水肥渗漏的目的。该机可实现秸秆颗粒掩埋、起垄、镇压等联合作业（图6-1）。

图6-1　1KGL-3型保水保肥联合整地机

1. 总体结构

1KGL-3型保水保肥联合整地机包括梁架、悬挂架、传动机构、破土机构、排料机构、覆土机构和镇压机构。梁架上按机具前进方向依次安装破土机构、排料机构、覆土机构和镇压机构，梁架通过悬挂架与拖拉机相连，拖拉机输出动力通过传动机构分别与破土机构和排料机构连接。破土机构是由转轴和破土大刀盘构成，破土大刀盘对应苗带位置。覆土机构的覆土铲、排料机构的排料铲与破土大刀盘一一对应，通过破土大刀盘破碎土壤形成松土槽，排料铲开沟并排料，覆土铲覆土，将肥料埋入地下。机具总体结构见图6-2。

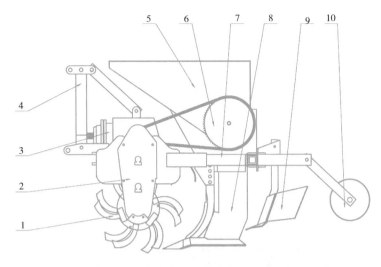

1. 破土大刀盘；2. 侧传动箱；3. 变速箱；4. 悬挂架；5. 料斗；
6. 被动大链轮；7. 梁架；8. 排料铲；9. 覆土铲；10. 镇压辊

图6-2　1KGL-3型保水保肥联合整地机总体结构示意图

2. 工作原理

1KGL-3型保水保肥联合整地机作业时，前部变速箱通过万向节与拖拉机的后输出轴相连接获得动力，并将动力传递给侧边传动箱和主动小链轮。侧边传动箱将动力传递给转轴，转轴带动破土大刀盘伸入土壤并转动，形成松土槽。主动小链轮通过传动链将动力传递给被动大链轮，被动大链轮带动搅动轴及安装在搅动轴上的支撑杆和搅动片转动，带动料斗内的秸秆颗粒或颗粒物料向料斗的出料口方向运动，然后进入排料仓。开沟铲沿松土槽开沟形成排料沟。排料口将进入排料仓的秸秆颗粒或颗粒物料导入排料沟内。通过调节开沟铲的深度，调节肥料埋入土壤中的深度。覆土铲将排料铲扰动的土壤回填至排料铲开出的排料沟中。镇压辊将覆土铲回填的土壤进行镇压。排料口处设置调节板，用以调节排料口的宽度大小，以适应排放不同颗粒的肥料和调节排放量。

3. 关键部件

（1）破土机构。破土机构的转轴一侧连接侧传动箱，破土大刀盘由刀盘、支架和刀片组成（图6-3）。刀盘上设置四层刀片，分别安装在刀盘上两侧及通过支架固定在刀盘上两侧，每层均最少设置3个刀片，沿圆周均匀设置。刀盘上两侧的相邻刀片沿圆周交错设置，通过支架固定在刀盘上的两层相邻刀片沿圆周交错设置，刀片为弧形弯刀片。

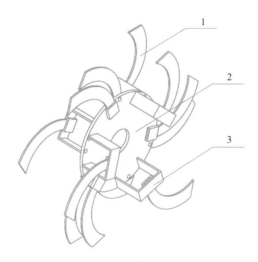

1. 刀片；2. 刀盘；3. 刀架

图6-3　破土机构

（2）排料机构。排料机构包括料斗、搅动机构和排料铲（图6-4）。料斗安装在梁架上，用以盛装秸秆颗粒或其他颗粒状物料，其排料端开有与排料铲相同数量的出料口，搅动机构安装在料斗内,带动料斗内的肥料向各个出料口方向运动,通过排料铲排出。

排料铲包括排料仓、固定杆和开沟铲。固定杆与梁架连接,固定杆上设置有多个调节孔,通过连接不同的调节孔调节固定杆的安装高度。开沟铲连接在固定杆和排料仓下端,排料仓与料斗的出料口连接,储存从料斗口排出肥料。排料仓侧后端设置有排料口用于将进入排料仓的肥料排出。开沟铲的开沟宽度为100~200mm,排料口调节的高度为100~200mm。

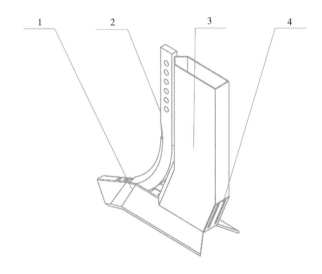

1.开沟铲;2.固定杆;3.排料仓;4.排料口

图6-4　排料机构

(3)搅动机构。搅动机构包括搅动轴、支撑杆和搅动片(图6-5)。搅动轴一端伸出料斗,与传动机构相连。搅动片设置的组数与排料铲数量相同,每组搅动片均通过支撑杆沿搅动轴螺旋排列,引导排料仓中的肥料沿排料口排出。

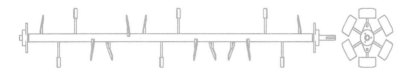

图 6-5　搅动机构

4. 技术参数

1KGL-3型保水保肥联合整地机主要技术参数见表6-1。

表 6-1　1KGL-3型保水保肥联合整地机主要参数

序号	项目	参数
1	配套动力（kW）	>88.23
2	作业行数（行）	3
3	适应行距（mm）	550～600
4	外型尺寸（mm）	3 000×2 400×1 400
5	秸秆颗粒尺寸（mm）	Ø10×15
6	作业效率（hm²/h）	0.53～0.8

（二）机具试验

土壤中养分依存于土壤水分之中，并随水分的增加提升植物根系吸收养分的能力，所以土壤中水分的增加会相应提高土壤中养分的含量并促进作物的生长，所以通过测定掩埋秸秆与未掩埋秸秆处土壤含水率来判定掩埋秸秆颗粒的保水保肥效果。通过采用土槽试验平台模拟（图6-6）和田间作业（图6-7和图6-8）的方法来验证掩埋秸秆颗粒实现保水保肥目的的可行性和测定1KGL-3型保水保肥联合整地机的作业质量。

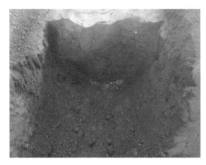

图 6-6　土槽模拟秸秆颗粒掩埋效果

图 6-7　1KGL-3型保水保肥联合整地机田间作业试验

图 6-8　田间作业效果

结果与分析

在土槽试验平台内，在距离土壤表面200mm深处铺设宽100～200mm厚30～50mm的秸秆颗粒层用于试验。通过模拟自然降水，经过自然渗透一段时间后测得秸秆颗粒处含水率并记入表6-2中。

表 6-2　保水保肥作业秸秆颗粒处含水率测定

项目	重复	含水率（%）	平均值（%）
无秸秆颗粒	1	12.41	
	2	11.58	12.01
	3	12.04	
有秸秆颗粒	1	14.97	
	2	15.82	15.20
	3	14.80	

通过表6-2中数值可以看出，掩埋秸秆颗粒比未掩埋秸秆颗粒的含水率高3.19%。可见，经过掩埋秸秆颗粒的土壤，局部含水量有一定的提高。

1KGL-3型保水保肥联合整地机在田间作业时，配套动力型号为迪尔1354。往复作业后，对行距一致性、作业深度、入土行程等参数进行了测量，并记入表6-3中。

表 6-3　1KGL-3型保水保肥联合整地机作业质量测定

序号	项目	参数
1	行距一致性（%）	98.1
2	作业深度（mm）	196
3	秸秆颗粒层厚度（mm）	43（平均）

（续表）

序号	项目	参数
4	秸秆颗粒层宽度（mm）	158（平均）
5	稳定性（%）	95.3
6	入土行程（m）	1.3
7	通过性	良好

通过表6-3中数据可以看出，1KGL-3型保水保肥联合整地机作业性能可以满足相应的作业要求。

通过上述相应数据显示，采用掩埋秸秆颗粒的方法来实现保水保肥的目的是可行的，具有一定的可操作性。1KGL-3型保水保肥联合整地机整体性能可靠，可以作为保水保肥作业的配套机具来加以推广应用。但一些试验内容在后续试验中应加大试验力度，为使该项技术扩大应用范围提供基础保障。

第七章　新型全膜覆盖播种施肥机研制与应用

一、目的意义

发展节水农业、高效持续开发利用水资源，是当前迫切需要解决的问题。膜下滴灌节水技术，从浇地转向浇作物，极大提高了水资源的利用率。在节水目标上趋向多元化，具有省工、省时、省水、增产、高效等诸多益处；在节水技术措施上趋向集成化，单一的节水技术已难以满足节水目标多元化的需求。因此，解决好水资源的供需矛盾，保证水资源的持续开发利用和农业的可持续发展，采取膜下滴灌节水技术措施，实现水资源利用效率最大化，促进农业增产、农民增收，切实为我国农业的可持续发展提供可靠的技术支撑，具有重要的实践意义和显著的经济、生态和社会效益。

二、现状趋势

滴灌节水技术是当今世界上最先进的节水灌溉技术之一。我国滴灌节水技术是在引进、消化技术的基础上，从无到有，逐步被人们认识和接受。近年来，由于水资源紧张、国家的重视及农业生产的需要，滴灌节水技术得到了快速发展，迅速在果树、蔬菜、大田作物、花卉等方面得到广泛应用，取得显著的经济效益、社会效益和生态效益。

地膜覆盖栽培技术于1979年由日本引进，不仅能够增地温、保水、保土、保肥、增肥效，而且还具有灭草、防病虫、防旱抗涝、抑盐保苗、改善近地面光热条件等多项功能，对于我国早春低温、有效积温少或高寒的干旱半干旱等地区农业发展，具有显著的增产作用，得到了大面积的推广应用，逐步形成了具有中国特色的地膜覆盖栽培技术及地膜覆盖栽培机械化作业技术体系。但我国地膜覆盖栽培机械化作业机具功能单一、作业效率低，不能满足膜下滴灌技术的应用需求，限制了旱作铺膜节水机械化技术的推广应用。因此，实现全膜覆盖技术与膜下滴灌节水技术相融合，即集全膜覆盖、精量播种、打药、铺设滴灌带等技术于一体的旱作节水铺膜机械化作业机具，改善作物生长环境，缓解日趋严重的干旱问题，将是我国未来旱作节水铺膜机械化发展的趋势之一。

三、研究内容

（一）机具研究

1. 总体构想

根据旱作节水铺膜机械化技术的农艺需求，研究、改进、提升旱作节水铺膜机械化关键技术，通过组装集成，研制适宜的旱作节水铺膜机械化作业机具，通过试验示范验证旱作节水铺膜机械化技术的应用成果，提升旱作节水铺膜机械化技术整体技术水平。

2. 技术路线

技术与市场调研→关键部件的技术研究与设计→第一轮样机制造→田间试验（产品性能初步验证）→发现问题→产品改进→第二

台样机制造→产品性能检测（产品性能验证）→发现问题与技术改进→鉴定验收。

3. 总体结构

2BP-2型多功能全膜播种施肥机，主要由施肥装置、打药装置、滴灌铺设装置、铺膜工作装置、膜上播种装置、限深装置、机架及悬挂机构分等部分组成（图7-1）。

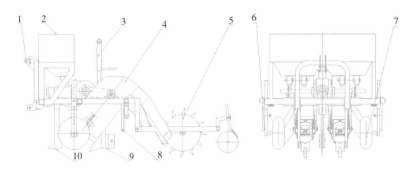

1. 施肥箱；2. 排肥器；3. 打药泵；4. 机架；5. 施肥开沟器；6. 限深装置；7. 覆土装置；8. 起沟导向轮；9. 打药喷头；10. 铺膜机构

图 7-1　总体方案示意图

2BP-2型多功能全膜播种施肥机与拖拉机采用后悬挂连接。开沟施肥装置、覆土机构、膜上播种装置、镇压机构以机具纵向中心线为中心左右对称布置；变速箱布置在机架前中心位置，变速箱的输入轴与拖拉机输出轴相连，输出轴与覆土机构的主动链轮相连，主、从动链轮带动刮土板实现取土、覆土作业；滴灌带开沟器布置在取土装置后中下方，滴灌带布置在机架中上方；打药机构、铺膜机构布置在滴灌带铺设机构后机架下方；机具结构简单、左右平衡性好、运行平稳、通过性好、机动性强。

4. 技术特征

2BP-2型多功能全膜播种施肥机集施肥、打药、滴灌带铺设、铺膜、播种、覆土等项作业于一体，结构合理、适应性好、动力消耗小、作业效率高，其技术特征如下。

（1）与拖拉机为三点式悬挂连接，为复式作业方式，能够减少机具进地次数，达到节能、增效的目的；

（2）采用立体式框架结构，便于各功能部件的安装与配置；

（3）采用链条升运式输送覆膜土机构，覆膜土效果好；

（4）采用电动驱动打药系统，施药均匀；

（5）采用螺旋耕深调节机构，可实现作业深度的无级调节；

（6）采用"U"形滑道行距调节装置，可实现行距在一定范围内无级调节；

（7）采用防风式铺膜装置，可有效解决风力对铺膜作业的影响问题；

（8）采用滚轮式打孔播种机构，结构简单、紧凑。

5. 工作原理

2BP-2型多功能全膜播种施肥机与四轮拖拉机采用后三点悬挂连接，作业时，限深轮控制作业深度，施肥开沟器开出深30~50mm沟，施肥铲将化肥分别侧施于两垄土壤中，滴灌带铺设装置将滴灌带铺设于两垄中间沟中，喷药装置向垄面喷洒除草剂后，铺膜机构将地膜均匀地铺展于垄面上，覆土装置将所输送的土壤把地膜压实，最后播种机构在已铺好的地膜的垄面上完成打孔和播种作业。

6. 技术创新点

（1）2BP-2型多功能全膜播种施肥机采用"U"形滑道行距

调节装置，通过调节播种装置与机架前横梁"U"形滑道的相对位置，从而改变播种装置的位置，达到调节行距的目的，解决目前该系列机具行距调节问题。

（2）2BP-2型多功能全膜播种施肥机采用防风式铺膜装置，通过在铺膜机构前、后方及左右设置防风装置，使挂膜、展膜等机构处于封闭空间内，能有效防止风力对铺膜作业的影响，保持铺膜作业的稳定，有效解决目前该系列机具风力对铺膜作业的影响问题。

"多功能全膜覆盖播种施肥机"已获得国家专利授权，专利号为ZL 201520110888.4。

7. 主要技术参数

2BP-2型多功能全膜播种施肥机主要参数见表7-1。

表 7-1 2BP-2型多功能全膜播种施肥机主要参数

序号	项目	参数
1	配套动力（kW）	>17.6
2	作业行数（行）	2
3	适应膜宽（mm）	1 100 ~ 1 200
4	外型尺寸（mm）	2 300 × 1 500 × 1 500
5	播种深度（mm）	30 ~ 50
6	施肥深度（mm）	90
7	行距（mm）	400 ~ 450
8	穴距（mm）	330/350/400/450
9	喷药量（kg/hm^2）	450 ~ 750
10	作业效率（hm^2/h）	0.16 ~ 0.54

（二）机具试验

2BP-2型多功能全膜播种施肥机在土槽试验台中进行了大量的

部件及整机试验，对出现的问题进行了相应的改进。2014年10月16日辽宁省农业机械鉴定站对该机进行了性能检测（图7-2），空穴率、穴粒合格率、膜下播种深度合格率和穴距合格率、各行排肥量一致性变异系数、总排肥量稳定变异系数、施肥深度合格率7项性能指标均优于行业标准，检测结果见表7-2。

图 7-2　机具试验与检测

表7-2　2BP-2型多功能全膜播种施肥机作业质量测定

序号	项目	参数
1	空穴率（%）	2.3
2	穴距合格率（%）	97.7
3	播种深度合格率（%）	93.2
4	穴粒合格率（%）	100
5	各行排肥量一致性变异系数（%）	2.21
6	总排肥量稳定性变异系数（%）	1.61
7	施肥深度合格率（%）	100

第八章 旱地合理耕层构建其他配套机具研究

一、1JS-1600型农田拣石机

（一）目的意义

随着国民经济和社会的迅速发展，人口增长与耕地的矛盾日益突出，各类土地资源，特别是作为高原和山地在内的中低产田，土地生产力低，有待去开发和改造。目前，我国人均耕地仅0.09hm²，不足世界平均水平的1/2，中低产田占耕地总面积近70%，包括高原和山地在内的中低产田中含有大量的大小、形状各异石块，或裸露地表或埋耕层中，影响土壤物理特性，严重影响土壤的耕作、出苗和作物生长，同时也给田间生产及管理带来严重影响、难以实现农田生产的机械化作业，从而增加了农业生产的成本、降低了作物产量，减少了经济效益。农田清石机清石效率高、清理干净，又能将土壤及时还田，为作物生育创造良好的生存环境，因此，研制农田清石机对土地资源的开发利用，为我国中低产田，尤其高原和山地在内的中低产田的利用和改造提供重要的技术保障。

（二）现状趋势

国外农田拣石机已有多种成熟的机型，已经在农业生产中推广使用。但农田拣石机作为耕整地机械在我国尚未得到推广，我国对农田清石机的研究还处于落后阶段，而农业生产对农田清石机的需求却十分迫切，其中最主要的有多石农田的除石、矿区耕地的复垦、泥石流与水毁农田。但现有的农田清石机作业单一，清石作业后多将石块留于田地中，还需进行清运，作业效率低。因此，集清石、集石、装车联合作业于一体的农田清石作业机械是发展的趋势。

（三）研究内容

1. 主要研究内容

根据对农田清石作业环节进行调研及分析，以多石耕地为作业对象，研究开发一种与轮式拖拉机配套，并集清石、集石、装车联合作业于一体的农田清石作业机械，并在多石耕地地区得到了推广应用。

2. 技术路线

通过对农村多石耕地进行调查、查阅国内外相关资料的基础上，制订整机设计方案，通过对关键部件结构进行研究，确定整机总体结构，进行样机试制、试验，在此基础上，改进、完善机具，并在农业生产中推广应用。

3. 总体结构

1JS-1600型农田拣石机主要由机架、挖土机构、振动机构、分离机构、侧输送机构、限深机构、传动机构、输送收放机构等组成（图8-1）。

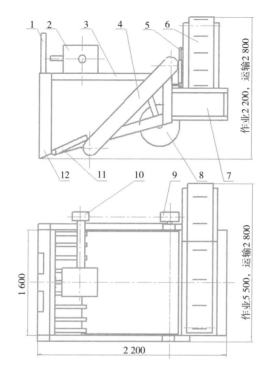

1. 悬挂架；2. 中央传动箱；3. 机架；4. 分离传动链；5. 输送带收放油缸；
6. 侧向输送机构；7. 输送带支架；8. 限深轮；9. 从动带轮；10. 主动带轮；
11. 挖土器；12. 侧立刀

图 8-1　1JS-1600型农田清石机结构示意图

　　机架采用框架式结构，用于安装各零件及功能部件。挖土机构主要由主铲刃和两侧立刀组成，作业时，主铲刃和两侧立刀将一定范围的土壤和石块同时铲起。振动机构主要由一组栅条、偏心机构组成，工作时，振动机构将挖土机构传来的土壤通过振动进行疏松，并且每个栅条可独立摆动，提高振动疏松效果。分离机构主要由链条式输送机构组成，其目的是将土壤与砾石进一步分离，其中，土壤经脱土链网状孔还田，达到整地碎土的效果，并将石块直接输送到提升输送机构中。侧输送机构主要由水平输送段和侧向输送段组成，采用波纹输送装置。工作时，侧输送机构将分离机构送至的石块等杂物装上运输车。运输时，侧向输送段收回，便于运输作业。限深机构由限深轮和限深调节机构组成，用来控制挖土作业深度；传动机构主要由中央传动、侧传动组成，分别用于驱动挖土机构、振动机构和侧输送机构，为其提供动力。输送收放机构由液压机构驱动，通过液压控制收放油缸动作，使侧输送机构的侧向输送段作业时放开，运输时收回。

4. 技术特征

1JS-1600型农田拣石机采用机械方式将农田中一定耕层内的砾石集起，并装入运石车运出地外，达到清石、改良土壤的目的。

（1）该机采用后三点悬挂方式，侧输送机构可收放，运输性能好，适应性强。

（2）该机采用清石、集石、装车一次完成的复试作业，效率高、效果好、成本低。

（3）该机采用单向约束松土机构是自主创新，可靠性能高，工艺性好，制作成本低，解决了清石机松土机构易损坏缺陷。

该机采用波纹输送装置，结构简单，故障率低，效率高。

5. 工作原理

从挖土机构的挖土铲入土，到侧输送机构将砾石输送至运输车，清石作业分为四个阶段：

第一阶段：挖土阶段，挖土铲将土壤和砾石同时挖起，并送到振动机构；

第二阶段：振动阶段。振动机构将土壤和砾石等混合物通过振动进行疏松，并送到分离机构；

第三阶段：分离阶段。土壤和砾石等混合物分离链上，通过边振动边输送，土壤经链缝隙落回农田，砾石被抛入侧输送机构的水平输送带上；

第四阶段：收石阶段。砾石由水平输送段、侧向输送段，将分离机构送至的砾石等杂物连续地装上运输车。

6. 主要技术参数

1JS-1600型农田拣石机主要技术参数见表8-1。

表 8-1　1JS-1600型农田拣石机主要参数

序号	项目	参数
1	配套动力（kW）	>58.8
2	悬挂方式	三点悬挂
3	整机重量（kg）	980
4	外形尺寸（mm）	2 200 × 5 500 × 2 200
5	作业深度（mm）	200
6	作业幅宽（mm）	1 600
7	作业效率（hm²/h）	0.2 ~ 0.33

7. 创新点、新颖点

该机设计新颖，部分机构采用了国内外先进技术。经查新检索：采用清石、集石、装车于一体农田拣石机国内未见与技术特点相同的中文文献研究报道。该项目获2016年辽宁省农业科技贡献奖一等奖。

8. 试验与结果

1JS-1600型农田拣石机具有工作效率高、砾石清除率高，同时又能实现碎土整地作业（图8-2和图8-3）。截至2015年年底，

在吉林、黑龙江和内蒙古等地区，已推广应用38台，累计作业面积
1 000hm²，取得了良好的经济效益和社会效益。

图 8-2　1JS-1600型农田拣石机应用情况

图 8-3　1JS-1600型农田拣石机作业前后对比

二、1GK-210型可调速秸秆还田联合整地机

（一）目的意义

我国是一个农业大国，农作物秸秆产量大、分布范围广，长期以来一直是农民生活和农业发展的宝贵资源。近年来，随着人民生活水平的提高，粮食生产连年丰产丰收，秸秆过剩现象突出。目前，秸秆被随意抛弃焚烧现象严重，导致资源浪费，严重污染大气环境。因此，加快探索行之有效的方法，通过机械作业实现秸秆掩埋，切实做到秸秆培肥地力，改善土壤耕层结构，造福我们赖以生存的土地，实现农业可持续发展。

（二）现状趋势

旋耕机发展至今已有160多年的历史，最早起始于英国和美国，主要用于庭院耕作，直到"L"形旋耕刀研制成功以后，旋耕机才进入大田作业。20世纪初，日本引进旱田旋耕机技术，开展了大量的试验研究，并对旋耕刀具进行改良，解决了旋耕刀具缠草问题，旋耕技术在日本得到迅速发展并大面积推广应用。目前，全球旋耕技术研究取得丰硕成果，可谓形式各异，各有千秋，联合作业机不断面世，向高效、多功能发展。近些年来，许多科技发达国家开发研制了间隔窄幅深耕旋耕机和全幅深耕旋耕机，最大耕深可在90~120cm，逐步改善深层土壤的透气性，取得很好效果。

我国对旋耕机的研究始于20世纪50年代末，前期主要研制手扶拖拉机配套的旋耕机，后来逐步开始研制出中型轮式拖拉机配套的旋耕机。进入70年代初，经过20年的引进消化吸收和创新，完成了与国产各类拖拉机配套的系列旋耕机的设计。旋耕机在我国的发展，经历了单机研制、系列产品、新产品的开发换代三个阶段。随

着现代种植、耕作农艺的发展，还研制出多用途的联合复式旋耕机。目前，我国旋耕机应用范围不断扩大，在实际使用中，发挥了重要作用。

在科技不断发展的新时代，旋耕机的发展呈如下趋势：向宽幅、高速型旋耕机发展；向联合作业机组方向发展；向节能环保和可持续战略性发展，将农作物秸秆直接埋覆还田，既改善土壤性能，又促进农业持续发展。面对新时代，旋耕机具研究赋予了新的内容，旋耕机理论研究和产业化的发展具有重要意义。

（三）机具研究

1. 总体构想

1GK-210型旋耕起垄机主要由上悬挂板、下悬挂板、变速箱、传动装置、刀辊、侧挡板、平地板和起垄犁等组成，具体结构如图8-4所示。

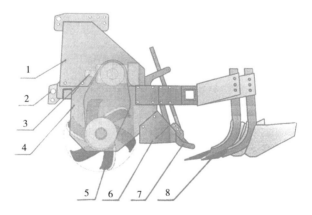

1. 上悬挂板；2. 下悬挂板；3. 变速箱及传动装置；
4. 机架；5. 刀辊；6. 侧挡板；7. 平地板；8. 起垄犁

图 8-4　1GK-210型旋耕起垄机结构示意图

（1）上悬挂与下悬挂部分：与拖拉机三点悬挂连接，通过调整拉杆使旋耕机与地面水平，与拖拉机中心对中，保证传动轴万向节前后夹角处于合理位置。

（2）刀辊部分：根据相关作业，选用相应的刀片，安装刀片时参照下图8-5进行排列。

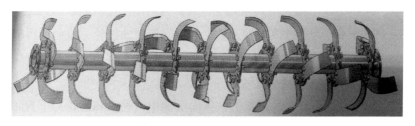

图 8-5　1GK-210型旋耕机44把旋耕刀排列

（3）起垄犁部分（旱田选用）：起垄犁通过卡箍板与螺栓固定在机架后悬挂梁上，可根据农艺要求调整深浅和垄型。

（4）平地板部分（旱田为后挡板）：其作用是防止土向后飞溅及平整地。

2. 工作原理

1GK-210型可调速秸秆还田联合整地机是由拖拉机动力输出轴驱动的耕整地机械。使用时将机具与拖拉机机构挂接，通过万向节使拖拉机的动力与机具的动力相连接。拖拉机动力经动力输出轴、万向节总成传至变速箱输入花键轴，经变速箱改变方向并变速，再经过半轴传动至侧箱一组圆柱齿轮减速，把动力传至装配在刀辊上的长法兰轴节，驱动刀辊进行旋耕作业。

3. 创新点

1GK-210型可调速秸秆还田联合整地机为44～74kW马力拖拉机配套的新型耕作机械，与同机型旋耕机相比具有如下创新。

（1）采用反转旋耕机，即旋耕刀轴转向与拖拉机轮子转向相反。从而保证秸秆充分掩埋。经试验证明秸秆覆盖率在85%以上。而正转旋耕机秸秆覆盖率仅为50%左右，达不到灭茬还田覆盖的效果。

（2）一机多速：1GK-210型旋耕机有侧箱和中间箱两个齿轮箱，侧箱为传动箱，中间箱为变速箱，当使用拖拉机的输出轴转速为540r/min时，通过改变变速箱中的不同齿数的挂轮，改变旋耕轴的刀辊转速。农户可根据土壤质地要求，选择适宜转速，达到理想的灭茬旋耕秸秆掩埋作业效果。

（3）变速箱全程免维护：传动机构中，轴承和齿轮为全封闭式安装，一个作业季只需注油一次，全程免维护。既避免灰尘进入轴承，影响寿命，又避免了用户因不能及时注油而造成的机具磨损。

（4）采用宽型开垦刀，该刀的宽度是普通旋耕刀宽的2倍，使用寿命可达普通旋耕刀的3～5倍，且灭茬秸秆掩埋效果良好。应用此宽型刀减少用户更换刀具的劳动强度，提高农户经济效益。

4. 主要技术参数

1GK-210型可调速秸秆还田联合整地机主要技术参数见表8-2。

表 8-2　1GK-210型可调速秸秆还田联合整地机主要参数

序号	项目	参数
1	配套动力（kW）	44～74
2	悬挂方式	三点悬挂
3	整机重量（kg）	540
4	外形尺寸（mm）	1 020×2 310×1 100
5	作业深度（mm）	100～200

（续表）

序号	项目	参数
6	作业幅宽（mm）	2 100
7	刀轴转速（r/min）	173～268
8	作业效率（hm²/h）	0.2～0.33

（四）机具试验

通过试验考察1GK-210型旋耕机田间作业的适应性能和可靠性；考核验证旋耕机样机的整体技术参数和结构配置的合理性。发现问题，及时改进。试验依据国家标准并结合实际情况确定试验指标：碎土率、耕深及耕深稳定性、耕宽及耕宽稳定性、地表平整度及秸秆覆盖率等（表8-3）。

表 8-3　小麦秸秆还田作业试验结果

项目	技术标准	试验结果
耕深（mm）	≥100	163
耕深稳定性系数（%）	≥85%	96.2
作业幅宽（m）	2.1	2.1
耕后平整度（mm）	≤50	48
碎土率（%）	≥60%	83.9
秸秆覆盖率（%）	≥55%	88.4

2017年6月14日，课题组成员在山东高密宏基农机专业合作社基地进行作业试验。田间性能试验见图8-6：环境温度31～34℃；试验田土壤类型为壤土；前茬作物为小麦；地表状况：带小麦粉碎装置的全喂入式收割机工作后的平整地块，小麦秸秆全部均匀

抛洒；麦茬长度：70～100mm。配套动力：东方红-LX904拖拉机（66.2kW/90马力）；前进速度：3.13km/h（Ⅱ挡）；机具作业如图8-6所示。

图 8-6　1GK-210型可调速秸秆还田联合整地机作业效果

试验表明，1GK-210型可调速秸秆还田联合整地机耕深远远超过国家标准，并且稳定、碎土能力强、耕后地表平坦。碎茬覆盖效果好，有利于秸秆还田，实现增加土壤有机质的目的。可针对不同土质变更刀辊转速，在灭茬旋耕的同时，可悬挂各种附件进行起垄、施肥等联合作业，节约能源提高耕作效率。采用宽型开垦刀，使用寿命大大提高。整机水平达到了国内先进水平。

三、2MP-12型液态地膜喷施机

（一）目的意义

我国干旱、半干旱地区的土地面积占全国土地面积的52.5%，耕地5 730万hm²，其中旱地3 800万hm²，主要分布在我国北方16个省、自治区、直辖市的741个县。并且，半干旱地区多年平均降水

250～600mm，降水多集中在6—8月，且常以暴雨形式出现；有限的降雨不但难以利用，而且常常造成严重的水土流失，形成洪涝灾害。降雨偏少，水资源严重不足，不仅导致了这一区域农业生产的低产、低效，而且限制了国民经济的发展。我国北方水资源严重不足，资金也有困难，全部发展灌溉是不可能的。因此，我国防旱的战略措施应重视旱作农业，走我国自己的"节水型农业"的道路。我国旱作农业技术包括农业工程技术、农艺技术、覆盖技术和农业化学技术四大类。但都是以改土、蓄水、保墒，提高天然降水的利用率为核心内容。单一技术在抵御干旱的危害时的作用是有限的。由于旱作农业区特殊的自然和经济条件的制约，要因地制宜地进行技术的组装，进行土肥水的综合调控，以增强抗旱能力，保证作物的稳产高产。在旱作农业区，各项技术都是紧紧围绕如何蓄住天上水，保住土壤水，为农业生产创造条件。

地膜覆盖作为最直观的设施农业措施，增温保墒效果明显，在干旱半干旱和低温冷凉地区应用，亩增产150kg左右，为提高粮食综合生产能力，保障粮食安全发挥着重要作用。但同时，由于其操作繁琐、费工费力和带来的"白色污染"等问题，加上粮食价格波动以及地膜覆盖方式方法不当、缺少政策和资金支持等影响，严重阻碍了地膜覆盖栽培技术的推广应用范围，地膜覆盖面积出现了大幅度下滑，针对上述问题，有关单位和企业引进液态地膜在玉米、花生和马铃薯等作物上进行试验示范，以探索其应用效果和完善配套技术，取得显著效果。为配合辽宁省的粮食增产措施，在适宜地区推广应用液态地膜覆盖栽培技术，对保障粮食安全和生态安全，提高我省粮食综合生产能力意义重大。

液态地膜是利用现代生物技术，从农作物废弃秸秆中提取出木质素、纤维素、多糖等天然高分子材料，加入了多种微量元素和有机质，经交联聚合生成高分子生物聚合物，均匀稀释后经喷头雾化在地表固化为一层褐色膜。通过实践证明，液态地膜第一可减少土壤水分的蒸发，减轻了风蚀和水蚀，具有保墒增墒效果；第二可有效利用自然降水，能将降水入渗于膜下，同时又减缓膜下水分的蒸发速度，大大提高了天然降水的利用率；第三可有效增加积温，扩大玉米及中晚熟品种的种植区域；第四可与除草剂混用，适合机械化大面积作业；第五可提高作物产量，特别是在干旱半干旱地区增产效果显著。

（二）现状趋势

干旱是一个全世界农业生产普遍面临的问题，目前世界耕地的40%多位于干旱半干旱地区，旱作农业在世界农业生产中起着举足轻重的作用。国内外学者一直都在寻找抗旱、节水、保水的生产技术和措施，我们知道发展可持续农业的首要途径就是提高水的利用率。

液态地膜技术的推广，有效地缓解了天旱少雨给农业生产带来的困扰，大大减轻了干旱对农业生产造成的损失。随着液态地膜技术的深入推广，液态地膜喷施设备不完善、不配套的问题逐渐凸现出来，而且现有设备在泵的选择、管路设计、药液搅拌、管路清洗以及操作控制等多个方面存在问题，严重阻碍了液态地膜技术的大面积使用推广。由于液态地膜现在没有形成统一配方标准，各地厂商生产也处于试验阶段，没有大面积推广，因此液态地膜喷施设备目前主要也在研发阶段，在市场上还没有推广和应用。

（三）研究内容

为了解决液态地膜喷施机械在实际应用中出现的问题，辽宁省农业机械化研究所与沈阳维盛机械制造厂协商合作，经过双方广泛的市场调研，结合同类产品进行解剖和对比分析，吸收各自优点，改进不足，增加了自己的独特结构。完成了2MP-12型液态地膜喷施机的设计。本产品于2014年5月完成图纸设计并开始进行投入试制，于2014年8月完成样品试制，经过作业期内的大量和多地区试验，逐渐完善和改进了设计方案，经过多次反复试验、修改样机，最终各项指标全部达到设计要求，并按照国家标准要求进行了性能试验。本产品处于国内先进水平。

1. 技术特征

液态地膜喷施技术，作为一种现代化技术，是实现先进农业生物技术、高效抗旱种植模式和低耗节水补充灌溉制度，达到对天然降水和灌溉用水的"蓄、保、用、节"，提高农业对水资源的利用效率，实现节水型高效农业的重要途径和主要技术手段。液态地膜喷施机是这一途径的载体，是实现这一技术的具体表现。因此，本着与旱地作物栽培农艺相结合的原则，以抗旱节水确保种子发芽出苗为目的，研究适用液态地膜喷施机具，一次完成喷膜打药或营养液二道工序。

该技术提前了播种时间，为农业生产赢得了农时，并有效地利用了有限的水资源进行补墒播种，提高了地温，保证了苗前用水及出苗率，是农业工程技术中节水灌溉进行抗旱播种的一种有效形式，可以说它既是一项操作简单、效果显著的节水型旱作农业生产技术，也是一项改善作物生长环境、保墒增产的栽培技术。

2. 机具设计

2MP-12型液态地膜喷施机配套动力为14.7～55.15kW拖拉机，它是一种集喷膜、打药以及营养液喷施为一体的新型农田作业机具，适用于干旱、半干旱地区玉米、大豆、花生等作物的种植，易于推广使用。本机在喷施液态地膜作业的同时还可以喷洒除草剂或营养液。整机结构见图8-7所示。

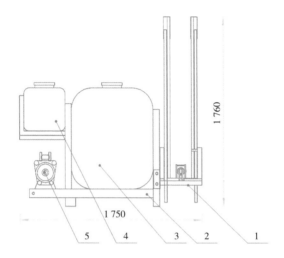

1. 折叠喷杆；2. 机架；3. 药箱；4. 清洗水箱；5. 隔膜泵

图 8-7　2MP-12型液态地膜喷施机示意图

3. 主要技术参数

2MP-12型液态地膜喷施机主要技术参数见表8-4。

表 8-4　2MP-12型液态地膜喷施机参数

序号	项目	参数值
1	适用范围	干旱半干旱地区农作物种植
2	配套动力（kW）	14.7 ~ 55.1
3	作业行数（行）	12 ~ 24
4	适用行距（mm）	400 ~ 600
5	挂接方式	悬挂式
6	作业效率（hm²/h）	1 ~ 3.33

（续表）

序号	项目	参数值
7	喷洒效果指标	浓度在1:4时可以顺利喷施且效果均匀无堵塞
8	泵流量（L/min）	70
9	工作压力（MPa）	1～2
10	药箱容积（L）	450～2 000
11	水箱容积（L）	100～150
12	过滤级数（个）	2
13	药物搅拌方式	自动搅拌
14	喷杆高度（mm）	300～800
15	最佳作业速度（km/h）	4～5

4. 试验研究

通过对喷施液态地膜前后土壤温度与土壤含水率测试，分析喷施液态地膜前后土壤温度与含水率变化。根据土壤温度、墒情及玉米发芽最佳土壤含水率，确定喷施液态地膜的时机，满足作物发芽生长的环境，用有限的资源保证种子发芽出苗（表8-5）。

表 8-5　喷施液态膜土壤墒情对比

项目	墒情（%）				地温（℃）			
距地表距离（mm）	50	100	150	200	50	100	150	200
液态膜	7.0	9.6	12.0	14.0	30.0	24.2	23.9	21.0
地膜	7.7	9.1	10.8	13.8	31.0	26.4	23.4	21.0
裸地	6.8	7.9	9.9	11.0	27.7	23.3	21.0	20.3

四、9K-200型秸秆颗粒机

（一）目的意义

我国是传统农业大国，生物质秸秆资源可以说取之不尽，每年产量多达8亿多吨。历来，中国就有利用秸秆的优良传统，农民用秸秆建房蔽日遮雨，用秸秆烧火做饭取暖，用秸秆养畜积肥还田，制作手工艺品生活用具等，合理利用秸秆是中国传统农业的精华之一。在传统农业阶段，秸秆资源主要是直接用于肥料、燃料和饲料。随着传统农业向现代化农业的转变以及经济、社会的发展，农村能源、饲料结构等发生了深刻变化，传统的秸秆利用途径发生了历史性的转变。在经济发达的地区，秸秆低效不清洁的直接燃烧利用方式已不适应农民生活水平提高的需要。我国政府十分重视秸秆禁烧和综合利用问题，1999年4月，国家环境保护总局、农业部、财政部、铁道部、中国民用航空总局联合颁发了《秸秆燃烧和综合利用管理办法》（以下简称《办法》）。《办法》要求：禁止在机场、交通干线、高压输电线路附近和省辖级人民政府划定的区域内焚烧秸秆，到2005年，各省、自治区的秸秆综合利用率达到80%以上，近年来，各级政府部门也逐步加大空气环境治理力度，相继出台了相关政策法规；科技部组织力量研究推广秸秆综合利用技术，并把秸秆综合利用技术列入国家科技攻关计划。

生物质成型设备能够改进我国因焚烧秸秆造成的生态环境恶化，利国利民；加速开辟应用领域发展，可再生能源也是落实国家相关政策、建立资本节省型社会的根本需求，符合国情发展；开辟应用乡村地域的可再生动力，能够更有效地增长农民收入，改进乡村环境情况，有利于农村经济条件改善。着重开展可再生能源，能够构成新的经济增长点，促进经济增进方法变化，扩展农民就业，推进经济和社会的可持续发展，前景非常的值得关注。

秸秆综合利用是一个长期的、浩大的工程，生物质成型设备如果想要在中国目前的秸秆利用的现状中找到突破点，必须依靠自身的技术实力和完善的售后服务，为客户提供专业的技术支持，大力推广生物质秸秆颗粒机，让秸秆综合利用深入人心，让企业服务深入人心，企业才能立足站稳，技术创新、服务创新迫在眉睫，做好这些，生物质秸秆颗粒机才能稳固发展，开拓更广阔的市场。实现了环境效益、经济效益和社会效益的多赢。

（二）现状趋势

我国从20世纪80年代开始引进消化吸收国外的生物质秸秆成型机，对生物质秸秆压缩成型技术的研究开发已有几十年的历史。南京林业化工研究所在"七五"期间设立了关于生物质压缩成型机及生物质成型理论研究的课题。湖南省衡阳市粮食机械厂于1985年根据国外样机试制了第一台ZT-63型生物质压缩成型机。江苏省连云港市东海粮食机械厂于1986年引进了一台OBM-88棒状燃料成型机。1998年，东南大学、江苏省科技情报所和国营9305厂研制出了MD-15型固体燃料成型机。1990年以后，陕西武功轻工机械厂、河南巩义包装设备厂、湖南农村能源办公室以及河北正定县常宏木炭公司等单位先后研制和生产了几种不同规格的生物质成型机和碳化机组。河南农业大学和中国农机能源动力研究所分别研究出PB-I型机械冲压式成型机、HPB系列液压驱动活塞式成型机、CYJ-35型机械冲压式成型机。经过长时间的探索、试验，我们国内的秸秆颗粒机成型设备及其配套产品逐步发展成熟起来。大量的产品被开发出来，推向市场，民营企业也不断涌现，生产出大批量、多型号的适用于民用的生物质秸秆颗粒机。

国外生物质成型的主要方式有四种：颗粒成型机、螺杆连续挤压成型机、机械驱动活塞式成型机和液压驱动活塞式成型机。螺旋挤压式成型机是最早研制生产的生物质热压成型机。这类成型机以其运平稳、生产连续、所产成型棒易燃（由于其空心结构以及表面的炭化层）等特性，在成型机市场中尤其是在印度、泰国、马来西亚等东南亚国家和我国一直占据着主导地位。但制约螺旋式成型机商业化利用的主要技术问题一个是成型部件，尤其是螺杆磨损严重，使用寿命短；另一个问题是单位产品能耗。

日本从20世纪30年代就开始研究应用机械驱动活塞式成型技术处理木材废弃物，并于1954年研制出棒状燃料成型机及相关的燃烧设备，1983年又从美国引进颗粒成型燃料生产技术。美国在1976年开发了生物质颗粒及成型燃烧设备；亚洲一些国家（泰国、印度、韩国、菲律宾等）在20世纪80年代已建了不少生物质固化、碳化专业生产厂，并研制出相关的燃烧设备。日本、美国及欧洲一些国家生物质成型燃料燃烧设备已经定型，并且形成了产业化，在加热、供暖、干燥、发电等领域已普遍推广应用；西欧一些国家（荷兰、瑞典、比利时、芬兰、丹麦等）在20世纪70年代已有了活塞式成型机、颗粒成型机及配套的燃烧设备。活塞冲压式成型机改变了成型部件与原料的作用方式，很好地解决了螺旋挤压式成型机的问题。该种成型机在大幅度提高成型部件使用寿命的同时，也显著降低了单位产品能耗。根据驱动力来源的不同，该类成型机可分为机械驱动式和液压驱动式。

农作物秸秆经粉碎或切碎后机械压缩成块，能有效地改变其物理特性，压缩成型技术为秸秆燃料异地运输使用创造了条件，可以作为生物煤供应工业生产和居民使用，同时也是很好的气化原料，对推广气化炉有促进作用。压制成型的秸秆块也可以进一步炭化处理，得到木炭和活性炭，可广泛用于冶金、化工、环保、生活燃料。另外，利用压缩成型技术可以将秸秆模压成不同形状和用途的产品，如一次性快餐盒、盘、碟、包装盒、工业托盘、育苗容器、人造纸板、瓦楞纸等。

（三）研究内容

本研究以玉米（生物质）秸秆为研究对象，通过对玉米（生物质）秸秆原料特性的分析，确定切碎原理和方法，设计出动力消耗低、粒度大小满足压缩成型要求的秸秆切碎机；探讨各因素对秸秆压缩特性和松弛特性的影响，借鉴环模力学的研究方法，推导并建立了适用于平模的力学模型；根据设计任务，在分析各类成型机优缺点的基础上，选择了平模压辊成型方式、确定了传动方案及主要参数；在参照现有成型工艺、成型设备的基础上，设计出技术经济指标适当的秸秆压缩成型设备。以推动我国目前综合开发利用农作物秸秆资源的技术创新和实际应用。配合相关部门把秸秆综合利用工作深入有效地开展起来，为社会主义新农村建设做出贡献。

1. 机具研究

9K-200型秸秆颗粒机配套动力8.8~22.06kW柴油机，它是一种把粗植物纤维制成颗粒的作业机具，适用范围包括木屑、稻壳、棉秆、棉籽皮、杂草等各种农作物秸秆、生活垃圾、工厂废弃物，黏合率低、难以成型的物料制粒的物料。还可适用于生物菌肥、有机肥、复混肥料低温造粒。本机结构简单、适用性广、占地面积小、噪音低；以柴油机为动力移动方便不受电源和地点限制，方便用户，易于推广使用。结构如图8-8所示。

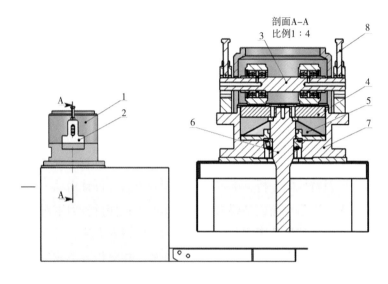

1. 压制室；2. 耳座；3. 压轮总称；4. 模板；
5. 甩料盘；6. 主轴；7. 基体；8. 调整螺丝

图 8-8　9K-200型秸秆颗粒机结构

2. 主要技术参数

9K-200型秸秆颗粒机主要技术参数见表8-6。

表 8-6　9K-200型秸秆颗粒机主要参数

序号	项目	参数值
1	配套动力（kW）	8.8～22.06
2	平模直径（mm）	200
3	平模转速（r/min）	316
4	模孔直径（mm）	2.5\3\4\6等
5	颗粒含水率（%）	<10
6	作业效率（kg/h）	200～300（Ø4为例）

3.技术特征

9K-200型秸秆颗粒机，作为一种现代化技术，是一项利国利民的改善生态环境、推动经济发展实现先进农业的生物技术和高效农业的重要途径和主要技术手段。

（1）物料适应性强：秸秆颗粒机的设备性能良好，其生产量高，且耗油量比较小。且它能够使用很多种类的秸秆进行加工。适应于各种生物质原料的成型，秸秆从粉状至50mm长度之间，含水率5%~30%，都能加工成型。

（2）适用范围广，不受地点、电源等条件限制。

（3）操作简单使用方便：自动化程度高，用工少，使用人工上料或输送机自动上料均可。

（4）适应不同的物料，保证压制效果。木屑、玉米秸秆等压缩成型需要很大的压力，在同类制粒设备中，压轮部件是整个设备的中心部件，且采用优质合金钢，提高了压轮的使用寿命。

（5）本机制成的颗粒硬度高、表面光洁、内部熟化程度比较充分，可提高营养的消化吸收，又能杀灭一般致病微生物及寄生虫，适用于饲养兔、鱼、鸭和试验动物，比混合粉装饲料可获地更高的经济效益。

4.试验研究

通过对不同孔径模板造粒成型效果的测试，分析玉米秸秆挤压成型的条件。根据秸秆温度、湿度及秸秆切碎的尺寸，确定秸秆颗粒机的模板尺寸及最佳孔径，满足在现有动力的情况下，保证秸秆能够顺利形成满足要求的颗粒。秸秆经挤压后成品如图8-9所示。

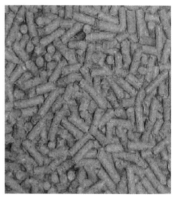

图 8-9　秸秆颗粒成品

五、G＆W15Y2-N01型农机深松整地作业质量远程监测系统

（一）目的意义

农机深松整地主要是以打破犁底层为目的，拖拉机牵引松土机械在不打乱原有土层结构的情况下疏松土壤，提高土壤蓄水保墒和抗旱防涝能力。每年的农机动力装备入地次数较多，碾压和浅旋作业的周期循环，导致土壤耕层中形成坚硬的犁底层，阻碍了田间雨雪的入渗和作物根系的下扎固土，使得农作物抗风防病、抗旱防涝功能减弱，严重威胁作物产量和粮食安全。在国家层面和政策导向的大力倡导下，近10年深松整地作业方式得到普遍认可。实践证明，农机深松整地作业可以很好地解决犁底层坚硬、变厚造成的耕层变浅及土壤容重高等问题，同时增强了土壤蓄水保墒、抗风和抗旱防涝能力，有助于作物生长良性发育，是改善耕地质量、提高农业综合生产能力的重要举措。

近年来，在各地农机深松整地作业实践中，凸显出两大问题：一是深松整地作业质量难以保障。深松作业阻力大、油耗高、磨损快，有些农机户为了降低作业成本并提高工作效率，常常私自调低作业深度，人为降低质量标准，难以达到深松整地作业的目的和要求。二是监督管理验收检查难度加大。随着农机深松补贴政策的实施和农机深松整地面积的扩大，虚报深松作业面积以套取补贴资金的现象屡见不鲜。而面对点多面广、作业期短等实际，有限的农机监管力量无法做到一一跟踪，只能采取人工抽检测量深度和手持测亩仪测量面积的方式加以核实检测，导致深松作业面积难以全面核实，深松作业质量无法得到保障。

针对这一情况，为了保障深松整地作业面积和作业质量，减轻农机管理部门及农机合作社监督管理的难度和强度，减少人力财力投入和浪费，提升深松整地作业水平和效率，保证深松整地作业补助资金安全规范高效使用，农机深松整地作业远程监测系统的需求越来越大。在我国，该类系统存在应用时间不长、使用技术较为单一、系统设计考虑不全面及兼容问题等实际情况，该项技术的研究还有较为长远的路要走。

（二）现状趋势

2014年"中央一号"文件强调"大力推进机械化深松整地"，2014年和2015年国务院《政府工作报告》对"农机深松整地"提出了具体要求。为贯彻落实党中央、国务院的决策部署，农业部制定了全国农机深松整地作业实施规划（2016—2020年），明确今后一段时期推进农机深松整地的指导思想、发展目标、实施区域、技术路线、实施进度和重点工作，提出在适宜地区全面推广农机深松整地技术，"十三五"期间，全国每年农机深松整地作业面积超过1.5亿，作业质量符合农业行业标准《深松机作业质量》（NY/T 2845—2015）。其中：2016年全国规划实施农机深松整地1.5亿亩，2017年全国规划实施农机深松整地1.65亿亩，2018年、2019年、2020年全国规划实施农机深松整地均为1.9亿亩，力争到2020年，全国适宜的耕地全部深松一遍，然后进入深松适宜周期的良性循环。

随着农机深松作业补助的出台，验收执行过程中有出现了验收难的问题，为了更好地贯彻落实深松整地作业验收工作，2017年中国农机化协会发布T/CAMA1—2017《农机深松作业远程监测系统技术要求》团体标准，并于2017年4月11日与中国农机化信息网联合面向社会开展农机深松作业远程监测系统选型推荐活动，邀请了来自行业内的农机、电气、仪表、鉴定、推广、管理等领域的专家学者组成评审组，对报送产品的技术性能、参数精度、使用可靠性、生产规范性、推广应用效果等方面进行了客观评价。最终有19家企业的20个产品符合T/CAMA 1—2017《农机深松作业远程监测系统技术要求》，入选推荐名单，为深松整地作业补助的发放工作提供了很好的助力。

（三）系统研究

农机深松作业远程监测系统一般采用卫星定位、RFID技术、空间图像遥感测控和深松机具状态监测传感技术，可实现对农机作业过程、面积、深度等数据的精准检测、视频全程监控、作业数据自动分析、作业质量自动评价、实时语音对讲、实时导航、实时数据上传、离线自动存储等功能，让作业人员在田间耕作的同时，第一时间掌控操作状态，让农机作业监管人员实时获得监管上传数据，全面提升农机作业监管效率和信息化水平。最终的实现方式由国家级、省、市、县级部门农机管理调度指挥中心的数字化平台、安装在农机的智能无线终端（GPRS）、作业监测终端设备构成。将定点定位、作业轨迹、图像语音获取、作业量计算、作业深度监测、农机管理等功能紧密的结合，服务于省、市、县、合作社各级农机管理相关单位，对全省乃至全国农机的宏观管理、指挥调度、作业统计、发展决策及合作社农机的个体管理起到了巨大的作用。

1. 系统构成

终端设备基本上由BDS（中国北斗卫星导航系统）/GPS（全球定位系统）、GPRS（通用分组无线服务技术）传输模块、深度传感器、显示屏、摄像头、核心处理器几部分组成。监测系统的终端设备采集作业数据、显示作业深度和提供相关报警，存储上传采集数据，并实时将所有相关信息上传至远程平台管理服务端，通过远程监测平台的大数据处理后，进行统计、分析、输出等功能，为深松作业是否符合质量标准和补贴资金的合理使用提供量化依据，全面提升农机作业监督管理信息化水平。农机深松作业远程监测系统组成图及农机深松作业远程监测系统结构图请分别见图8-10和图8-11。

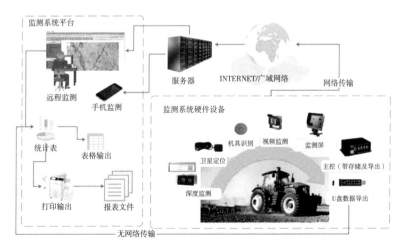

图 8-10 农机深松作业远程监测系统组成

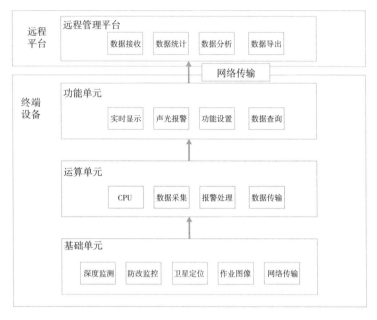

图 8-11 农机深松作业远程监测系统结构

2.终端设备

监测系统终端设备主要部件由车载主机、深度传感器、前置和后置摄像头、监测管理平台和手机客户端等组成（图8-12），车载主机安装在驾驶室内的左前方或右前方不阻碍视线及操作并便于观察的位置，通过吸盘吸附于前风挡玻璃处或卡在固定位置，用于实时查看系统状态以及作业信息。深度传感器包括3个角度传感器（分别命名为1号、2号、3号传感器）及1个超声波传感器（4号传感器），3个角度传感器分别安装在拖拉机、下拉杆及机具上，超声波传感器可安装在下拉杆处，也可以安装在机具上，需根据深松机具类型的不同进行安装模式选择。1号传感器安装于驾驶室内的水平地板上，2号传感器安装于拖拉机与机具连接的下拉杆上，3号传感器安装于机具横梁上。1号传感器、2号传感器和3号传感器内部采用复合芯片，芯片内部集成3轴加速度传感器、3轴陀螺仪、3轴磁力计。通过传感器获取作业车辆与机具作业姿态，进行监测作业深度计算。通过每个活动部分均安装传感器，不仅可以更好地监测各个部分的运动变化，准确的识别作业状态和计算作业深度，更主要的是可以很好地规避恶意篡改出现的不良后果。作业前后摄像头分别安装于车辆的驾驶外侧前方与驾驶室外侧后方，通过主摄像头接口、副摄像头接口与摄像头相连接。主机内部集成4G通信模块，4G通信模块与SIM卡模块通过数据总线相连接，与服务器进行通信。主机上的显示屏提供系统状态显示、设置选项及作业状态等相关信息。主机内部集成了深度传感器接口，通过该接口与多个传感器进行连接，主机内部集成有TF卡，用于存储主机作业数据及照片信息。主机内部集成的卫星定位模块，用于获取车辆作业时的地理位置信息以及行驶信息。

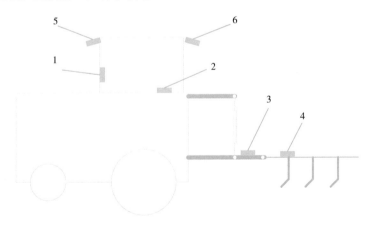

1. 主机；2. 1号传感器；3. 2号传感器；4. 3号及4号传感器；
5. 前置摄像头及天线；6. 后置摄像头

图 8-12　终端设备组成示意图

3. 主要技术参数

G&W15Y2-N01型农机深松整地作业质量远程监测系统主要技术参数见表8-7。

表 8-7　G&W15Y2-N01型监测系统主要参数

序号	项目	参数
1	主机尺寸（mm）	125×85×30
2	主机重量（g）	230
3	主机外壳材料	ABS
4	传感器数量（个）	4
5	传感器外壳材料	铸铝
6	工作电压（V）	DC 8~40
7	功率（W）	2
8	屏幕尺寸	2.3英寸
9	卫星定位	BDS&GPS
10	GPRS	2G/4G
11	卫星定位时间（s）	32（冷启）/1（热启）
12	工作环境温度（℃）	−45~+80

（四）远程服务管理平台

远程服务管理平台用于实时管理所有作业车辆信息，使用私有研发的物联网平台，能够支持多台作业农机同时作业，具有高并发、高稳定性等特点。该平台允许用户通过网站进行作业状态信息查询；平台对所有作业数据进行整理分析，计算作业面积，地块等信息，支持所有作业信息以报表格式进行输出；管理平台内部包含高精度的面积计算算法，对作业面积进行准确计算；报警监测体系实时监测主机作业状态，系统异常时及时提示通知机手对设备进行检查。输入正确的账号和密码后进入系统，农机管理服务平台主要显示深松作业包括作业概况、作业管理、农机管理、统计报表和深松作业日报表等相关信息，页面上以左侧的二级菜单显示。

1. 作业概况

深松作业概况主要显示当前机构下农机总数、总作业面积、昨日作业面积等数据统计信息。点击深松统计中的"作业概况"，页面效果如图8-13所示。左侧表格显示当前机构的下属机构的总作业面积和总作业里程信息内容，点击列表中的蓝色机构名称可以进入该机构下的数据统计页面。右侧日历显示数据内容会随着点击的机构进行每天的作业面积数据统计信息相应的更新变化。

图 8-13　平台作业概况

2. 作业管理

作业管理页面显示了当前机构下所有农机信息（车辆编号、车主、所属乡镇等）和作业数据信息（总面积和平均深度），点击作业总面积一列下面的蓝色数据可以进入到该农机作业的每一天的作业数据（图8-14）。点击深松统计中的"作业管理"，页面显示所有农机作业统计页面，页面效果如图8-15所示。

车主姓名：　农机号：GWA100171028　开始时间：　结束时间：　归属合作社：

车辆编号	车牌号	车主姓名	所属乡镇	作业面积（亩）	作业里程（公里）	平均深度（厘米）	作业日期	操作
LINGY171028		于春龙	宋杖子镇	33.26	8.62	36.25	2017-04-13	作业明细 查看轨迹
LINGY171028		于春龙	宋杖子镇	16.05	4.26	36.09	2017-04-12	作业明细 查看轨迹
LINGY171028		于春龙	宋杖子镇	11.50	3.19	35.56	2017-04-11	作业明细 查看轨迹
LINGY171028		于春龙	宋杖子镇	29.96	8.27	36.63	2017-04-10	作业明细 查看轨迹
LINGY171028		于春龙	宋杖子镇	30.94	7.85	35.83	2017-04-09	作业明细 查看轨迹
LINGY171028		于春龙	宋杖子镇	14.20	3.92	37.56	2017-04-08	作业明细 查看轨迹
LINGY171028		于春龙	宋杖子镇	4.33	1.21	37.51	2017-04-07	作业明细 查看轨迹
LINGY171028		于春龙	宋杖子镇	52.11	13.86	35.42	2017-04-06	作业明细 查看轨迹
LINGY171028		于春龙	宋杖子镇	33.74	8.78	36.31	2017-04-05	作业明细 查看轨迹
LINGY171028		于春龙	宋杖子镇	32.46	8.25	35.57	2017-04-04	作业明细 查看轨迹
LINGY171028		于春龙	宋杖子镇	35.62	8.65	36.05	2017-04-02	作业明细 查看轨迹
LINGY171028		于春龙	宋杖子镇	46.27	13.24	36.59	2017-04-01	作业明细 查看轨迹
LINGY171028		于春龙	宋杖子镇	50.32	14.06	37.20	2017-03-31	作业明细 查看轨迹
LINGY171028		于春龙	宋杖子镇	53.36	14.59	37.17	2017-03-30	作业明细 查看轨迹
LINGY171028		于春龙	宋杖子镇	61.70	15.66	36.13	2017-03-29	作业明细 查看轨迹
LINGY171028		于春龙	宋杖子镇	34.86	9.05	35.99	2017-03-28	作业明细 查看轨迹
LINGY171028		于春龙	宋杖子镇	36.92	9.53	32.38	2017-03-27	作业明细 查看轨迹
LINGY171028		于春龙	宋杖子镇	54.26	13.81	31.23	2017-03-26	作业明细 查看轨迹
LINGY171028		于春龙	宋杖子镇	18.19	4.88	31.49	2017-03-25	作业明细 查看轨迹
LINGY171028		于春龙	宋杖子镇	20.77	5.63	33.78	2017-03-24	作业明细 查看轨迹

图 8-14　农机信息及作业信息

农机管理服务平台

作业概况　作业管理

车主姓名：　农机号：　归属乡镇：

车辆编号	车牌号	车主姓名	所属乡镇	作业总面积（亩）	平均深度（厘米）	操作
LINGY171028		于春龙	宋杖子镇	673.26	35.48	查看作业照片 区域划分统计
LINGY171037		李云	宋杖子镇	160.52	38.00	查看作业照片 区域划分统计
LINGY171043	辽12-63299	陈郁峰	万元店镇	579.62	32.46	查看作业照片 区域划分统计
LINGY171044		韩书俊	万元店镇	486.85	27.60	查看作业照片 区域划分统计
LINGY171062	辽12-63666	唐庆新	万元店镇	1667.75	34.16	查看作业照片 区域划分统计
LINGY171096	辽12-63636	郭玉山	宋杖子镇	1122.25	27.83	查看作业照片 区域划分统计
LINGY171137	辽12-61324	李云	宋杖子镇	0.71	33.56	查看作业照片 区域划分统计
LINGY171144	辽12-63661	司振奎	宋杖子镇	0.15	40.78	查看作业照片 区域划分统计
LINGY171156	辽12-61324	李云	宋杖子镇	1075.99	25.53	查看作业照片 区域划分统计
LINGY171173	辽12-63566	刘鹏阁	刀尔登镇	393.57	27.92	查看作业照片 区域划分统计
LINGY171215		马鹏东	小城子镇	206.13	30.41	查看作业照片 区域划分统计
LINGY171222	辽12-63398	安博宇	四官营子镇	1115.48	25.37	查看作业照片 区域划分统计
LINGY171227	辽12-63232	赵景宝	四合当镇	1022.43	31.68	查看作业照片 区域划分统计
LINGY171232		高彩云	四合当镇	363.22	30.20	查看作业照片 区域划分统计
LINGY171234		张忠国	四合当镇	2543.40	35.57	查看作业照片 区域划分统计
LINGY171235		赵文发	小城子镇	1445.64	31.07	查看作业照片 区域划分统计
LINGY171241		赵文发	小城子镇	1242.49	29.30	查看作业照片 区域划分统计
LINGY171245	辽12-63661	司振奎	宋杖子镇	167.84	28.97	查看作业照片 区域划分统计
LINGY171247		李云	宋杖子镇	1206.01	29.34	查看作业照片 区域划分统计
LINGY171259		张国富	四合当镇	2907.06	34.05	查看作业照片 区域划分统计
LINGY171260		彭坤	北炉乡	1097.86	27.71	查看作业照片 区域划分统计
LINGY171266	辽1261309	赵文全	小城子镇	1396.72	27.19	查看作业照片 区域划分统计

图 8-15　平台作业管理

单台农机作业详情页面中点击“作业明细”按钮可以查看该天的地图作业轨迹和每个卫星定位点的信息，点击“查看轨迹”按钮只显示该天的作业轨迹（图8-16至图8-18）。地图页面中绿色轨迹代表作业深度达标；黄色轨迹代表作业深度未达标；红色轨迹代表农机未作业。

图 8-16 作业地块及轨迹

图 8-17 作业后置摄像点

图 8-18 作业前置摄像点

3. 农机管理

点击深松统计中的"农机管理"，页面显示所有农机基础信息，页面效果如图8-19所示。点击每一行数据后面的"实时监控"按钮，可以查看该农机的当前位置信息（图8-20），点击"查看照片"可以对该农机进行抓拍。

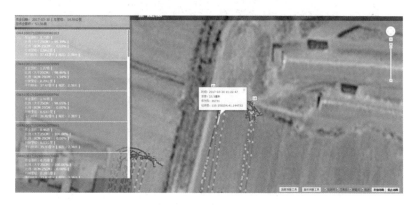

图 8-19　页面效果

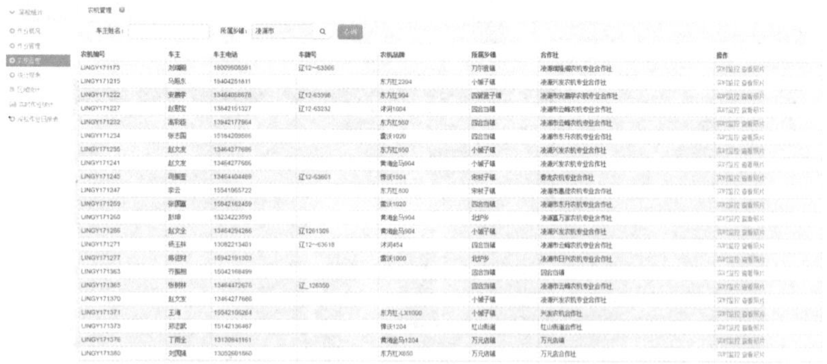

图 8-20　农机基础信息

4. 统计报表

点击深松统计菜单中的"统计报表"，页面显示当前机构的总作业信息和其下属机构的作业数据统计信息，页面效果如图8-21所示。点击"打印"按钮，可以直接打印当前页面，点击作业明细中名称一列中任意机构，可以进入该机构的报表统计页面。

图 8-21 位置信息

5. 深松作业日报表

点击深松统计菜单中的"深松作业日报表"，页面显示所有农机的作业内容，并可以查看每台农机每一天的报表信息，页面效果如图8-22至图8-24所示。

图 8-22 统计报表

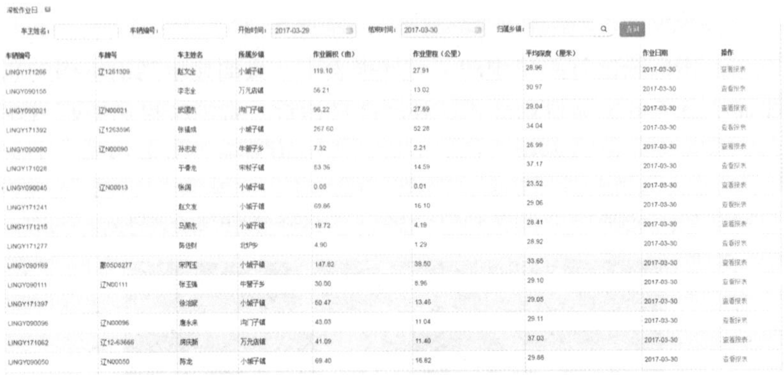
深松作业日

车主姓名： 车辆编号： 开始时间：2017-03-29 结束时间：2017-03-30 归属乡镇： 查询

车辆编号	车牌号	车主姓名	所属乡镇	作业面积（亩）	作业里程（公里）	平均深度（厘米）	作业日期	操作
LINGY171266	辽1261309	赵文全	小城子镇	119.10	27.91	28.96	2017-03-30	查看报表
LINGY090156		李志全	万元店镇	56.21	13.02	30.97	2017-03-30	查看报表
LINGY090021	辽N00021	姚国东	沟门子镇	96.22	27.69	29.04	2017-03-30	查看报表
LINGY171392	辽1263596	张福成	小城子镇	267.60	52.28	34.04	2017-03-30	查看报表
LINGY090090	辽N00090	孙志波	牛营子乡	7.32	2.21	26.99	2017-03-30	查看报表
LINGY171026		于春龙	宋杖子镇	53.36	14.59	37.17	2017-03-30	查看报表
LINGY090045	辽N00013	张国	小城子镇	0.06	0.01	23.52	2017-03-30	查看报表
LINGY171241		赵文友	小城子镇	69.86	16.10	29.06	2017-03-30	查看报表
LINGY171215		马丽东	小城子镇	19.72	4.19	28.41	2017-03-30	查看报表
LINGY171277		陈佳财	北炉乡	4.90	1.29	28.92	2017-03-30	查看报表
LINGY090169	蒙05D6277	宋凤玉	小城子镇	147.82	38.50	33.65	2017-03-30	查看报表
LINGY090111	辽N00111	张玉强	牛营子乡	30.00	8.96	29.10	2017-03-30	查看报表
LINGY171397		徐治家	小城子镇	60.47	13.46	29.05	2017-03-30	查看报表
LINGY090096	辽N00096	詹永来	沟门子镇	43.03	11.04	29.11	2017-03-30	查看报表
LINGY171062	辽12-63666	周庆新	万元店镇	41.09	11.40	37.03	2017-03-30	查看报表
LINGY090050	辽N00050	陈龙	小城子镇	69.40	16.82	29.66	2017-03-30	查看报表

图 8-23 作业日报

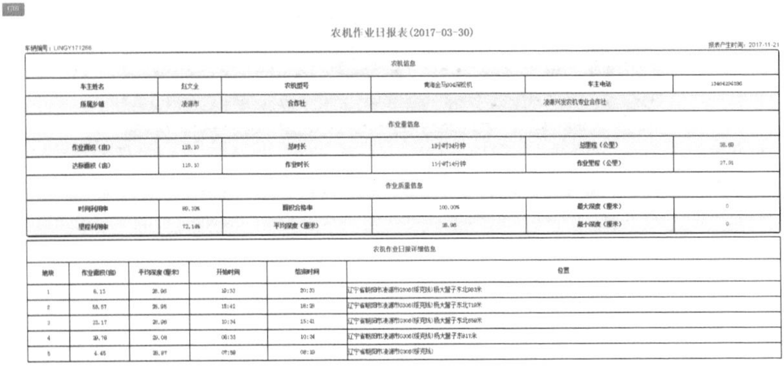
打印

农机作业日报表(2017-03-30)

车辆编号：LINGY171266 报表产生时间：2017-11-21

农机信息					
车主姓名	赵文全	农机型号	黄海金马904深松机	车主电话	13464204336
所属乡镇	凌源市	合作社	凌源兴发农机专业合作社		
作业量信息					
作业面积（亩）	119.10	总时长	13小时34分钟	总里程（公里）	38.69
达标面积（亩）	119.10	作业时长	11小时14分钟	作业里程（公里）	27.91
作业质量信息					
时间利用率	89.30%	面积合格率	100.00%	最大深度（厘米）	0
里程利用率	72.14%	平均深度（厘米）	28.96	最小深度（厘米）	0

农机作业日报详细信息

地块	作业面积(亩)	平均深度(厘米)	开始时间	结束时间	位置
1	6.15	28.96	19:33	20:33	辽宁省朝阳市凌源市G306(绥克线)杨大营子东北983米
2	58.57	28.98	15:42	18:28	辽宁省朝阳市凌源市G306(绥克线)杨大营子东北719米
3	23.17	28.96	10:34	15:41	辽宁省朝阳市凌源市G306(绥克线)杨大营子东北858米
4	29.76	29.08	08:33	10:34	辽宁省朝阳市凌源市G306(绥克线)杨大营子东817米
5	4.45	28.97	07:59	08:19	辽宁省朝阳市凌源市G306(绥克线)

图 8-24 作业日报明细

（五）手机客户端

手机客户端是指安装于机手手机内的农机监测手机应用App（图8-25），允许机手随时查看已完成作业的具体信息。手机客户端主要用于实时查询作业历史信息，具体包括：作业位置、面积、耕深、合格率、重耕面积、漏耕面积、设备报警信息等。可以通过手机客户端实时获取当前车辆位置信息，监控车辆运行轨迹以及作业状态。

图 8-25　手机应用App启动界面图和登录界面

首页显示了作业类型、总作业面积、目标作业面积、昨日作业面积、总里程以及下属机构农机数量等统计信息（图8-26）。

图 8-26　App首页

图8-27的农机台数可以进入各个农机今日及历史作业简要信息，包括农机编号、车主、作业面积和合格率。再次点击进入相应

的作业详细信息页面，时序并分段排列显示当天的各个作业相关的详细信息，点击各个地块查询其卫星图示状态下的作业位置、轨迹及作业图片（图8-27和图8-28）。

图 8-27　单机全作业信息查询图和日作业信息查询

图 8-28　地块后置摄像信息查询和前置作业摄像信息查询

（六）技术要点

1. 终端设备技术要点

（1）深松作业定位。通过GPS、BDS（北斗）双模卫星定位模块确定田间作业位置，保存定位轨迹数据计算深松作业面积。民用的GPS定位模块类似于普通的测亩仪或车载导航设备，具有模块体积小、价格较为低廉、定位精度不高等特点，真正的高精度GPS模块的价格要在万元以上，目前不太适合我国普通用户的使用，国外大型深松机商家均采用此类高精RTK模块，价格虽高，但作业路径追溯及面积核算更为准确，随着我国农机技术的不断推广，该类模块将会大面积应用。

（2）深度监测。通过深度传感器获取实时耕深，监测实时耕深并计算出单位里程的平均深度，该项监测指标是深松作业质量的重要指标，对监测设备测得的深度与实际作业深度的合理误差不应超过3cm。目前行业内采用的深度监测传感器大多为超声波传感器及角度传感器进行深松作业深度监测，此种监测方式安装简便，造价较低，在无其他非人为因素的影响下，可以得到较为准确的深松深度作业值。

（3）自我保护。终端设备应具有一定的自我保护功能：一是传感器的壳体应采用金属外壳，连线应有保护线导管。深松作业环境较为复杂，在作业过程中及雨雪天气，容易发生刮擦和腐蚀情况，需要确保传感器安全固定，被秸秆、杂草等刮擦时不易损坏；二是传感器防止断电拆改的功能。如果传感器监测作业深度时被秆茎刮掉，或者未作业时被断电拆下调整，会发生监测作业数据不准确等情况发生。因此传感器应具有一定的自我保护功能，确保数据的真实性，采取软件及硬件结合的保护措施，提供相应的报警存储及上传功能，杜绝监测设备被随意更改现象发生。

（4）视频监测。视频监测设备一般采用前置和后置相结合的方式进行监测，配备具有夜视功能的监控摄像头，设备本身有不定时抓拍存储功能，保证设备72h连续通电情况下，拍照无故障（拍照间隔不宜多于30min）。远程管理者也可通过管理平台实时抓拍作业图像，查看深松作业情况和设备运行情况。本地驾驶员也可以通过视频监测设备查看作业动态影像，保障作业安全。随着网络传输速度的日益提高，远程视频通话、视频农机技术服务都将是农机作业过程中必不可少的功能。

（5）作业情况的显示。实时显示作业耕深、平均耕深以及故障提示的功能。设备至少72h连续通电情况下，屏幕各个数据显示正常无误。辅助驾驶员保证深松作业质量，避免过深或过浅等现象发生，提高作业质量和作业效率。显示作业实时深度及平均深度是目前深松作业监测的一项基本功能，为便于实际作业时的驾驶员观察，屏幕显示方式以图形化显示方式更有利，触控屏幕融入更多的设置功能及记录调取等功能是未来发展的趋势。

（6）机具识别。农机大户或者合作社的作业机具数量一般情况下都会多于拖拉机的数量，终端设备的主机安装在拖拉机内，而传感器安装在不同的深松机具上时，可以自动识别机具的相关参数，作业期间当一台机具出现故障时，需要马上更换，两台机具都有传感器的情况下，主机可以很容易地识别到另一台机具上的相关参数，快速进入作业状态，避免发生机具更换后监测深度误差增大的问题。对于农机管理者而言，机具识别功能可以有效地防止深松作业过程中使用不合规的深松机进行作业的情况发生。机具识别功能还可以适应多类型深松机具，满足单一深松和联合整地深松等不同机具的作业监测。

（7）声光报警。作业过程中驾驶员可以通过语音提示和灯光报警的方式，提醒驾驶员监测设备是否运行正常，当出现不规范作业时，终端设备及时发出语音报警和灯光报警，驾驶员及时根据提示进行相应调整，确保深松作业质量满足要求。

（8）精确计算。受到民用卫星定位精度的影响，计算作业面积精度一般通过特殊的算法进行优化来减小测算面积的误差，早期大部分采用行驶距离与幅宽的乘积进行面积计算，误差较大（高于5%），或者以地块作业结束后圈出面积进行计算，存在一些功能缺陷。目前使用里程、幅宽、图像分布融合算法（低于2%）的厂商较少。建议采用的监测系统面积测算精度在小地块（4亩以下）作业时，作业面积误差值不超过5%；大地块（4亩以上）作业时，作业面积误差可降低至2%。

（9）数据备份。当遇到网络阻塞、信号异常等特殊状况导致数据不能传输或丢包严重时，设备可将数据备份至存储模块中，当网络恢复正常时补偿发送，保证设备数据不丢失，保证存储模块能够最少存储一年的数据及图像。

（10）数据传输。监测系统支持移动、联通的2G或4G网络，具有作业数据远程实时上传功能，以固定的时间间隔（通常10秒左右）将设备各传感器最新的数据以及定位数据和图像发送至云中心。保证设备72h连续通电情况下，丢点率低于5%，图像丢包率低于5%。提供支持4G网络的终端设备传输数据速度更快，为远程视频通讯提供优质的互动体验。有些厂家的设备可能采用的主机内部集成或驾驶室内放置卫星定位及网络天线，在大田作业环境不好的情况下，可能接收的信号较弱，影响卫星定位的准确性及网络数据的收发，建议采用外置天线以增强卫星定位准确度及网络信号强调。

（11）气候适应性。

①高温运行适应性：70℃，接入1.25倍的标称电源电压正常工作，1h通电，1h断电，持续72h无故障。

②高温放置适应性：85℃，设备不通电，放置8小时，之后通电运行无故障。

③低温运行适应性：-30℃，接入0.75倍的标称电源电压正常工作，1小时通电，1小时断电，持续72小时无故障。

④低温放置适应性：-40℃，设备不通电，放置8h，之后通电运行无故障。

⑤恒定湿热适应性：40℃±2℃，相对湿度90%~95%，24h不通电，24h接通标称电压通电工作，持续48h无故障。

（12）机械环境适应性。

①振动适应性：扫频范围5~300Hz，扫频速度1oct/min，扫频时间每个方向8h，振幅5~11Hz时10mm（峰值），加速度11~300Hz时50m/s^2，设备不通电试验后检查功能。

②冲击适应性：冲击次数X、Y、Z每方向各3次，峰值加速度490m/s^2，脉冲持续时间11ms，设备不通电试验后检查功能。

（13）抗点火干扰试验。

①试验装置应符合如下要求：放电电极间距为1~1.5cm；放电频率为12~200次/s；放电电压为10~20kV。

②探测设备与试验装置共电源连接，在工作状态置于以放电电极为中心20cm半径的平面范围内，且放电电极距记录仪底面5~10cm时，以12~200次/s的放电频率扫频，若有异常，在异常频率点持续试验5min；若无异常则在60次/s的放电频率上持续试验10min。

2. 管理平台技术要点

（1）基本功能。农机定位信息展示、作业轨迹展示、耕深测量信息展示、图像展示、作业面积查询、作业质量相关指标查询、统计功能、导出功能、绘制轮作图等。

（2）数据真实。保证各项数据是不受人工干扰的真实有效数据。

（3）多级别平台。按照各地区自定义的区域或行政级别划分（通常为市、县、合作社），每个级别有相应的平台及权限。

（4）权限管理。根据不用的用户组划分不同的权限功能。

（5）特殊情况处理。为适应某些特殊情况，可根据客户（农机管理部门）的要求将一些非系统流程的数据以合适的方式展示到平台中。

（6）扩展性。保证平台良好的伸缩性、扩展性，可快速的高质量的对当地农机部门提出的个性化需求进行开发、扩展。

（7）体验性。平台客户端的操作应简单易于掌握，客户端运行的环境应当具有普遍性，对网络或电脑配置无过高要求。

（8）安全性

①数据传输安全：数据在传输过程中必须加密处理，并具备一定的抗扰性保证数据的完整，数据传输格式应按照国家标准来统一。

②数据存储安全：通过良好的存储方案保证大数据的存储效率，通过容灾备份方案保证数据不丢失，通过良好的数据接口设计保证数据不外泄。

③平台安全：通过良好的安全方案防止流量攻击、SQL注入、密码暴力破解、木马入侵等各种攻击手段。

④设置数据访问权限：建立密码机制，即各地区的合计数据、

农机单车数据的访问必须构建密码登陆，不可直接暴露在网上。在平台数据权限方面，根据行政级别，每个账户只能查看其所属区域的数据。在平台功能权限方面，根据平台角色区分管理员、农机用户、合作社、管理单位、测试人员所使用的功能模块。

参考文献

程佩芝. 2005. 玉米秆碎料模压成型制品尺寸稳定性的研究[D]. 北京：北京林业大学.

张志强. 2007. 秸秆压块饲料机成型区的研究与分析[D]. 保定：河北林业大学.

戴婷婷，张展羽，邵光成. 2007. 膜下滴灌技术及其发展趋势分析[J]. 节水灌溉（2）：43-44.

党秀丽，黄毅，虞娜，等. 2006. 辽宁省保护地节水灌溉现状及存在的问题[J]. 节水灌溉（5）：57-59.

丁连军. 2008. 膜下滴灌技术及其潜力分析[J]. 现代农业（7）：40-41.

范林. 2008. 揉碎玉米秸秆机械特性的试验研究[D]. 呼和浩特：内蒙古农业大学.

兰存福. 2010. 膜下滴灌特征及其研究现状分析[J]. 国书情报导刊，20（10）：150-152.

李博. 2010. 辽宁农业水资源利用率提高的关键[J]. 吉林农业（11）：221-222.

李晓瑞. 2012. 机械化深耕灭茬整地与秸秆还田技术[J]. 现代农业科技（9）：318.

梁启全. 2015. 推进玉米密植全程机械化模式实现跨越式发展[J]. 黑龙江农业科学（5）：149-152.

刘海成，马勇生. 2008. 大田膜下滴灌技术在新疆的形成发展现状及应用前景[J]. 科技信息（35）：2.

刘兴爱. 2014. 1LF-550型调幅液压翻转犁的研制与试验[J]. 新疆农机化（6）：15，45.

芦新春等. 2014. 秸秆还田施肥播种机播种装置设计[J]. 农机化研究（5）：62-65.

钱湘群. 2003. 秸秆切碎及压缩成型特性与设备研究[D]. 杭州：浙江大学.

盛国成. 2003. 膜下滴灌技术的应用与推广[J]. 农机质量与监督（4）: 29.

吴普特，冯浩. 2005. 中国节水农业发展战略初探[J]. 农业工程学报（6）: 152-157.

许迪，吴普特，梅旭荣，等. 2003. 我国节水农业科技创新成效与进展[J]. 农业工程学报，19（3）: 5-9.

张丽，王建明. 2003. 膜下滴灌技术在新疆的开发与应用[J]. 农机化研究（4）: 145-146.

张旭. 2011. 深松在玉米大垄双行疏密种植中的应用研究[J]. 农业科技与装备（10）: 23-24.

张岩，李桂娟. 2004. 保护地节水灌溉技术的现状与展望[J]. 农机化研究（4）: 39.

中国农业机械化科学研究院. 2007. 农业机械设计手册[M]. 北京：中国农业科学技术出版社.

周春梅，来小丽. 2009. 生物质秸秆成型工艺的试验研究[J]. 可再生资源，27（5）: 37-41.